BEAST IN MY BELFRY

我鐘樓上的野獸

全球最受歡迎動物作家的動物園實習生涯

• • •

Gerald Durrell

傑洛德·杜瑞爾——著　唐嘉慧——譯

一個沒有鳥，沒有森林，
沒有各式各樣、大大小小動物的世界，
我寧願不要活在其中。

——傑洛德．杜瑞爾

Contents

目錄

各界名家好評推薦

一本野獸男孩之書。沒有學校教育的洗禮模塑，人也能好好地長成有用的社會人嗎？《我鐘樓上的野獸》描寫了告別無憂無慮的希臘科孚島童年，透過自學的動物學家傑洛德．杜瑞爾，成為社會人的洗禮過程。沒有學歷與生活經歷，自然而然成長，並能閱讀天地萬物之美的大男孩，難道不也是一種相對於英國文明社會的「野獸」？——杜瑞爾在文字、學識、心性的美，體現在他如何閱讀其他的生命。而謝天謝地，歷經小顛小簸，野獸男孩沒有真正折損於世故的荒原，終成智者與行動者，還有比這個過程更勵志的故事嗎。

——毛奇（作家、「深夜女子的料理公寓」版主）

年輕時我喜歡與人約在動物園見面，萬一話不投機，至少可以看看有趣的動物。即使部分動保人士反對動物園，但我認同杜瑞爾的看法，身為都市人，若沒有動物園，我們很難接近並了解世界上其他的生物是多麼迷人。而動物園最重要的功能則是作為遭受蹂躪的動物的庇護所及生命儲備池。

杜瑞爾的生花妙筆，讓動物的世界如此迷人：凶暴的獅子、性格迥異的北極熊夫婦、神經質的角馬羚和「四不像」、唱歌的熊、優雅的長頸鹿，倨傲卻傻呆的駱駝、溫馴的犛牛，以及喜愛人類的愛斯基摩犬……當然還有提出笨問題的人類。杜瑞爾也把餵養照顧動物的過程寫得險象環生，更甚精采的球賽。推薦此書給朋友，若他和你一樣讀得瞪大眼睛或哈哈大笑，那麼我猜他肯定也是一位理想的夥伴。

——石芳瑜（作家、《閱讀的島》總編輯）

聽說傑洛德．杜瑞爾學會的第一個字，不是爸爸或媽媽，而是動物園（zoo）。闔上頁扉的當下，我體會到他曾說的：「動物是沒有聲音、沒有投票權的最大多數。沒有我們的幫助，動物不可能自由自在地生活。」傑洛德．杜瑞爾坦言最討厭提筆，因為要為動物發聲，終生為動物研墨書寫，他說：是動物賦予這些書生命……一生只做一件事的專注與熱情，源於童年碧海藍天的希臘科孚島。兒時與動物相親相愛的記憶，讓他擁有和莊子相似的胸懷：天地與我並生，而萬物與我為一。為了保育星球上浩繁動物的生命，讓文字成為改革運動的一種媒介。特有妙趣橫生的杜瑞爾式筆法，不只讓我們看見動物迷人的可愛模樣，更重要警醒的餘韻是：他擔心動物們滅絕、受害，只想為牠們找到安全的庇護所。看完這本書，我彷彿聽見作者對著動物說：你放心，我幫你找到了很多一起努力的朋友，不管有多少淒風苦雨，都讓我們擋著。

——宋怡慧（丹鳳高中圖書館主任）

傑洛德．杜瑞爾，在動物園界可真是無人不知無人不曉。假如曾經在他的澤西動物園受過訓的話，那更是讓人刮目相看。因為他的生平，真的是熱愛動物的人所夢寐以求想做到的，從養動物、認識動物、到蓋一座私人動物園保育動物。從日常生活中接觸身邊的動物起，到世界各地蒐集動物，了解牠們的習性與生態，從而知道野生動物面臨的問題，進而加以解決。

這本書讓我們從杜瑞爾一貫的詼諧筆觸，來認識各種動物及牠們的習性，帶領我們走近動物、走進動物世界。希望大家能夠和我一起從享受閱讀他的作品，更進一步去關懷野生動物、保育野生動物。

——張東君（科普作家）

如果你有飼養動物的童年經驗，閱讀杜瑞爾讓人笑到噴飯的動物界第一手報導，絕對會讓你感同身受；如果你對野生動物的照護與保育不甚了解，閱讀他的豐富人生故事與研究會讓你很快地進入狀況。這位與一般動物學家養成完全不同路的傳奇作家，從小到大都過著自己摸索著前進的動物保育之路，他很幸運擁有一位不明究理卻完全支持他的母親，也很努力在這條路上披荊斬棘開創出一片天空。

書中所描寫的早期動物園飼育員的生活，在現今仍有異曲同工之處，身為與動物們朝夕相處的獸醫、保育員，生態作者，以及一名母親，他的故事實在具有深刻撫慰人心的效果。唯有這些不會說人話的動植物，他們所面臨的環境比以往更加嚴峻，我們仍然需要繼續努力保育生態，讓人類不要變成地球上最孤寂的生物。

——許增巧（繪本作家）

杜瑞爾的《希臘狂想曲》是啟發我大學時期對野生動物和行為研究興趣的關鍵著作。作者透過年少時與各種動物和自然相處的經驗，妙筆生花地引領我們領略動物的喜怒哀樂，以及人與動物的美好關係。

動物豐盈了人類的生活，但隨著社會變遷，人與自然的關係卻日漸疏遠，自然環境日漸崩解惡化，許多物種存續飽受威脅甚或滅絕。因為了解和關愛，故以行動保護，說明了作者畢生致力於動物救傷和保育的初衷。因此，我相信透過作者諧趣而深情的文筆，必能再度激發讀者對動物的讚嘆和對生命的尊重，從而願意關心生態，重建人與自然共榮共生的理想境界。

——黃美秀（國立屏科大學野保所副教授、臺灣黑熊保育協會榮譽理事長）

杜瑞爾最為人熟知的著作，自然是描述希臘科孚島上童年時光的《希臘狂想曲》，書中幽默生動、以及總是帶來不少混亂的動物故事，成為伴隨許多讀者長大的珍貴回憶。他如何將童年時以火柴盒為起點的動物蒐集，最終轉化成以復育野生動物為職志的澤西動物園及信託，更是一則說不完的傳奇。

這部《我鐘樓上的野獸》正是杜瑞爾生命歷程的重要中介點，在惠普斯奈野生動物園工作的經歷，不只讓他確認了童年夢想的實現可能，更讓我們得以窺見動物園管理模式與價值觀在這些年的逐漸移轉。數十年過去，杜瑞爾所擔憂的野生動物處境，如今益發險峻，而他在作品所展現的動物生命的美與迷人，相信依然會持續打動讀者的心，並因此體認到，如果這些故事在未來只能成為一則則動物的墓誌銘，會是多麼哀傷的事。

——黃宗潔（國立東華大學華文系副教授）

在我接觸杜瑞爾作品時，還是作文題目要寫「我的志願」的年紀，我便理所當然、大言不慚地寫下「我想像杜瑞爾一樣，有極佳的觀察力、幽默感和絕妙的文筆，二十一歲就能到動物園實習照顧動物，接著在各地探險，成立自己的動物園，推廣動物保育」。當然回頭來看，受了妥善且填鴨的國民義務教育後，我就已注定無法像杜瑞爾一樣不受體制拘束，就更別提如今的學經歷連想幫動物園的動物們掃大便都不符資格了。

每當再回味杜瑞爾的著作時，總想著這傢伙真是個瘋子，而且是讓人讚賞不已的那種。儘管他還傻得不得了！但願我能有這位前輩的一丁點瘋、傻和堅持，也許就能找到更多的瘋子，實現對動物的熱愛和想要保護牠們的初衷了吧。

——黃奕寧（「阿鏘的動物日常」版主、動物插畫家）

坦白說，年少時逛遍圖書館，卻從來沒有被這本書的書名給吸引而將它拿起翻閱，現在想想真是可惜。我誤會原書名好久了，一直以為是在講什麼傳說中的神祕野獸。沒想到多年後翻閱才知原來是作者杜瑞爾在動物園的工作經歷。一定很多人都想過在動物園裡工作吧？親手餵動物，然後撫摸動物的皮毛和動物玩耍，感覺十分愜意吧？這樣想的人，請你一定要好好讀這本書，原來動物園裡的工作很不簡單呢。

杜瑞爾在動物園裡做的事，可不只是只有餵餵摸摸動物喔。除了日常照顧外，他還發揮了敏銳的觀察力與洞察力，從動物的行為裡看到了動物豐富的生命故事。期間也發生過許多匪夷所思的事情，像是不過只是協助攝影師拍攝小熊，為什麼要帶著兩把梯子，還差點賠上生命呢？而且這個工作還得要有深入觀察和認真探究思考的能力喔，例如為什麼在惠普斯奈動物園的長頸鹿得要喝溫水，但其他地區的長頸鹿卻不需要？這些問題的答案都等著讀者你翻開書本自己去發現喔。

——簡志祥（新竹市光華國中生物教師、「阿簡生物筆記」部落格版主）

譯者序

一九三九年，二次世界大戰硝煙四起，十四歲的小傑瑞隨母親自希臘科孚島返回英國。母親先住進倫敦市中心一間公寓，卻一心想回「老鄰里」伯恩茅斯找棟理想房子；雖然母親也和所有的孩子一樣，從不覺得英國是「祖國」，但至少她比較熟悉伯恩茅斯。勉強來說，那兒有她在英國唯一的「根」。

穿上這輩子第一條長褲的小傑瑞，幾乎已過了受國民教育的年齡，母親並未真正嘗試讓他返回正規的學校系統，儘管曾經帶他去一、兩家上流住宿學校甄試過，然而回答任何問題（從背誦「謝主恩禱詞」到解釋生物現象）都會自己發明答案的小傑瑞，當然慘遭拒絕；所得的評語為：「聰明，但程度落後太多。」這正合小傑瑞的意，樂得將尋常的日子花在三件他最愛的事情上：一是沉溺在電影院黑暗的幻想世界裡（電影日後成為他終身熱情所托之一）；然後便是鎮日流連在倫敦自然博物館內；最後這項活動更堅定了他一直以來的信念；唯一值得做的工作，就是去動物園工作。

後來他找到了第一份工作，在一家寵物店當基層員工，結果他對店內所有動物的親暱認知與溝通天賦，以及他最大的成就——將櫥窗裡的巨大水族館重新裝飾成一件「藝術傑作」，立刻令老闆對他刮目相待，將每週前往倫敦東區邊緣「採購」的重責大任交付給他，他因此能夠快樂地穿梭在「陰暗多洞窟的後巷間」，與滿箱滿籃濕漉漉的烏龜、蠑螈、蜥蜴、變色龍和鬣蜥為伍。

十五歲，母親買到房子。傑瑞不得不搬回終年灰霧籠罩的伯恩茅斯，就像墜入一個灰色的過渡地帶，一個懸宕的地獄邊緣，往後幾年的存在乏善可陳，杜瑞爾直到臨終都極少提起或書寫自己的這段生命。我們只知道他經常在外閒蕩，「我幫忙農收，總待在野外——不再騎驢，而是騎單車，到處找尋動物及牠們的窩巢，以更大的耐性及更成熟的知識，重新發現當地的動物相」，同時繼續如飢如渴地博覽群書，在公共圖書館裡自修出一套切入點與眾不同、科學基礎卻略顯薄弱的生物學。

一九四二年，大戰尚未結束，傑瑞將滿十八歲，收到入伍令。他沒有想太多就去體檢，結果因為兩個原因，極幸運地沒有通過：一是他從小的痼疾，嚴重鼻竇炎；另外是他向醫官坦承自己是「懦夫」。

雖然傑瑞不用從軍，依照規定卻得從事「生產報國」的勞役工作。他有兩個選擇：一是進軍需品工廠，二是務農；可想而知，他選擇了後者。在追隨他一生的「杜瑞爾好運氣」的庇佑之下，他找到了「布朗農場」——一座養了幾匹牛的騎馬場，除了輕鬆的清掃畜舍工作之外，他也擔任騎術教練，開始一段極浪漫的時光。

一九四五年五月，歐洲戰場上的槍砲聲止息，傑瑞也二十歲了。外面的世界正待恢復秩序，而他已成年，前途與未來的問號壓在眼前，首要之務是得找份正經工作，可是沒有任何學經歷的他，從哪裡著手呢？《我鐘樓上的野獸》的故事於焉誕生。這本書描述他從一九四五年七月進入倫敦動物園協會在鄉間設立的「惠普斯奈」野生動物園工作，直到翌年五月離職之間的經歷。儘管這段時間不長，對他往後的生涯事業卻造成決定性的影響。他不僅得到了自己所渴求、亦迫切需要的對付大型動物的經驗，同時在心理上迅速成長，對自己即將走的兩個方向：先遠征世界各角落成為一名動物蒐集者；接著創建屬於自己的動物園（兩者對一般人來說都非一蹴可幾的夢想），規畫出明確的目標及行動藍圖。誠如杜瑞爾的傳記作家邦汀（Douglas Botting）所說：「如果說青少年時期的讀物等同他的中學教育，那麼惠普斯奈就是他的大學。」

惠普斯奈動物園創始於一九三一年，一開始便以成為英國第一座公立鄉間野生動物園，以及「復育瀕危物種」為創立宗旨。後面這項立園方針讓傑瑞的巨量閱讀聚焦在與「動物園」有關的書籍上，於此同時，他開始編纂自己的「紅皮書」——世界瀕危動物名錄。許多他從小即萌生的觀念、想法與夢想，此刻突然全部都變得清晰無比，當時的他彷彿看到了自己的夢想實實在在地呈現眼前。其實惠普斯奈的建制距離理想還很遠，問題很多，不過這反而刺激傑瑞深入觀察及省思，早早形成他對理想動物園的「宏觀」。

傑瑞認為惠普斯奈最弱的一環，是園內的管理人員。他們因為缺乏專業知識，無法善盡職守；有限的經驗又因缺乏安全感，不肯傳授後進；而對動物的無知，常迫使「跑腿的」傑瑞去做有性命之憂的工作。杜瑞爾雖自幼熱愛野生動物，卻不是傻瓜，他深知野生動物危險性極高，向來謹慎小心，因此他一生直接受到野生動物傷害的次數屈指可數，便是他行動周密的明證。不過管理員中有一位例外，那便是負責四不像復育計畫的肯．史密斯；他在《小獵犬隊探險記》（暫名）一書中還會出現。傑瑞與他一見如故，兩人從此開始一段維持多年、對傑瑞個人事業助益極大的友誼。

在各位讀者翻開正文，進入另一個杜瑞爾式妙趣橫生、充滿感官饗宴的世界之前，我想請你想像一下傑瑞第一天無比興奮地踏入惠普斯奈，即將成為園內職位最低階的「實習管理員」的模樣：他二十歲，身形瘦長，面如冠玉，臉頰略顯清瘦，淡金色的麂皮皮鞋！多年後，當地每個人（尤其是年輕人）都記得這位長相彷彿希臘男神、氣質如詩人，有張「開朗的臉、明亮的五官」，銜夢而來、亦銜夢而去的年輕人。而且我們知道日後這位年輕人的夢想，全都在他有生之年輝煌燦爛地實現了。我希望你也永遠記得他那時的模樣，因為，這個畫面很棒，不是嗎？

前言

莉・杜瑞爾（Lee Durrell）
杜瑞爾野生動植物保育信託榮譽董事長

《我鐘樓上的野獸》是傑洛德・杜瑞爾所寫的第二十本書，出版時正值他近四十年創作生涯的中段。對於寫作，當時的傑瑞已經能夠從容以對、處之泰然。他已完成八本遠征蒐集動物的扎記，兩本他在科孚島度過的奇妙童年，和一本介紹他在澤西島上創建的動物庇護所，再加上幾則短篇故事及小說。《我鐘樓上的野獸》敘述他在一九四五年間赴惠普斯奈（即倫敦動物園鄉間分所），擔任基層動物飼育員的經歷。繼「希臘狂想曲」之後，這本書再次展示了他驚人的記憶力，能用文字將久遠前發生的事件及對話清晰完整地再現。我強調「清晰完整」，是因為傑瑞的哥哥賴瑞和姊姊瑪戈都曾對我發誓，宣稱《我的家人與其他動物》中的對話全是一字不差的紀錄，只不過在事件的排序上稍微用了一點詩意的自由心證。

傑瑞進入惠普斯奈後成為一名「管理野獸的男孩」，照顧來自世界各地的大型動物，例如熊、水牛、老虎、貘，並觀察獅子、斑馬、水鹿與袋熊。距傑瑞提筆寫下當時的經驗，已時隔三十七年。惠普斯奈的經歷和科孚島上的童年生活大不相同，而且對比鮮明；童年時他只飼養當地的小動物，像是昆蟲、陸龜、蜥蜴、貓頭鷹等等。然而對傑瑞來說，這兩種經驗卻有許多重要的共通點：無論動物是大是小，是否具備迷人的魅力或異國情調，你都必須觀察及了解牠們的需求，勤勞不懈地照顧牠們，心領神會地注意到任何異樣的行為變化——簡而言之，你必須在牠們身邊。

在這之後，傑瑞累積了許多人生經驗，不僅成為成功的作家、電臺廣播主持人及媒體名人，也是遠征兩個大陸洲的動物蒐集家及前往世界各地冒險的旅行家。在親眼目睹許多動物及其棲地的絕望困境後，他從此傾全力投入動物保育工作，並一手創立瀕危動物庇護所。在這裡，他召集了一群動物飼育員、科學家及保育人士，這群工作人員奉獻專業、渴望學習、勇於嘗試並自行發展各種復育及野放技術的熱忱，世上任何組織皆無法匹敵。在這裡，我很高興向讀者介紹其中一位：理查・強斯頓—史考特（Richard Johnston-Scott），他是我們哺乳動物部門的主任，也是本書後記的執筆人。

《我鐘樓上的野獸》一書自問世以來，至今已度過遠超過三十七年的漫長歲月。傑瑞所創建的動物庇護所原名「澤西野生動植物保育信託」，現已更名為「杜瑞爾野生動植物保育信託」，許多人更常直截了當地稱作「杜瑞爾」。目前信託的雇員已達一百三十人，工作地點遍及十八個國家。在慶祝信託六十週年紀念的同時，我們拯救瀕危物種的努力已獲得全世界的廣泛認同。

所有「杜瑞爾」的工作人員，都為我們所擁有的「野獸們」感到無比驕傲。人們可能覺得我們有點古怪，甚至有點瘋癲，只一心一意熱愛動物，並決意匡正人類加諸在動物身上種種不道德的行為，但隨著世界持續往環境惡化的懸崖迫近，導致愈來愈多動植物種的消失，持懷疑態度的人也愈形減少。眼下捍衛生物多樣性的鬥士已經愈來愈多，我們歡迎您加入我們，一起慶祝杜瑞爾信託六十週年黃金紀念。

作者聲明

對我而言，一個沒有鳥，沒有森林，沒有各式各樣、大大小小動物的世界，我寧願不要活在其中。

如果你喜歡這本書（或我其他的書），請記得是動物賦予這些書生命，使這些書妙趣橫生。牠們是沒有聲音、沒有投票權的最大多數；沒有我們的幫助，牠們不可能生存下去。

我們每個人都有責任，要努力遏制人類對地球的可怕褻瀆。我在用我僅知的方法，盡力在做，但我需要你的支持。

——傑洛德・杜瑞爾

臨終遺言

第一章

動物園實習生

A Bevy of Beasts

大家都說，小時候想開蒸汽火車的人，長大後很少如願以償。果真如此，那我是個出奇幸運的人，因為我早在兩歲時，就已堅定志向，明白表示我只想研究動物，其他的事一概沒興趣。

經過漫長的成長階段，我像一隻笠螺，緊抓這個志向不放，一有機會便捕捉、蒐集各種動物，盡可能往家裡每個角落裡塞，從猴子到蝸牛，從蠍子到雕鴞，各色不等，差點沒把我的家人及朋友全部逼瘋。經年飽受野生動物騷擾的家人，自我安慰地認定那只是我的一個過渡階段，長大後就會恢復正常，然而隨著我不斷得到新的動物，我的興趣也跟著一再大受鼓舞，愈加根深柢固。等到我快滿二十歲時，心中已毫無懸念；我想做的事很簡單：先從替動物園蒐集動物開始，然後，等我靠這行賺到足夠的錢之後，就可以創辦我自己的動物園！

我並不覺得這個野心欠缺理性思考或過於瘋狂，問題是，如何才能實現它？很不幸，當時並沒有學校專收憧憬蒐集動物的人，職業動物蒐集家也不願讓徒有滿腔熱忱，卻毫無實務經驗的人隨行。我發覺光是誇口自己曾經親手餵大許多刺蝟寶寶，或用餅乾盒繁殖壁虎，是絕對不夠的。要當動物蒐集家，必須能夠靠本能反應，便在瞬間徒手制服長頸鹿，或側身躲過突然撲過來的老虎！無奈我囿居英國海濱小城，想磨練出這樣的工夫，有點困難。譬如最近發生的一件小事，便逼得我不得不面對現實：我認識一位住在東新福里斯特的男孩，有一天他來電表示親手養大的一頭黇鹿（fallow deer）「寶寶」，因為全家即將搬去南安普頓的公寓，無法繼續飼養這麼可愛的動物。那頭鹿既溫馴、大小便又規矩，而且他的主人可以在二十四小時，或更短的時間內，就把牠親自送來。

我立刻陷入兩難。家中對我愛好野生動物稍微算得上支持的成員是母親，當時她正好不在家，因此無法立刻探詢她對我早已過於龐大的動物蒐藏即將再加入一頭黇鹿「寶寶」作何感想，然而鹿主人卻要求我立刻答覆。

「我爸說如果你不收留牠，我們就得殺了牠。」他可憐兮兮地解釋。

那可不行！我說我很樂意隔天迎接那頭鹿——牠的名字叫奧坦絲[1]。

等我媽買菜回來，我已想好一個可以融化鐵石心腸的故事，對付我那位特別容

1 Hortense，拿破崙三世的母親，後來成為荷蘭王后。本書所有注釋均為譯注。

易感動的母親自然不成問題：有一頭被迫與母親分開的小鹿，若我們不伸出援手，即將被處死刑；我們怎能說「不」呢？母親不疑有他，認為既然小鹿只像隻小㹴犬一般大，可以養在車庫角落裡（我指出），任牠被宰殺豈不太狠心?!

「我們當然應該收養牠！」

她立刻打電話給牛奶公司，每天多訂十品脫牛奶，大概覺得正在成長的小鹿需要喝很多牛奶。

第二天奧坦絲乘坐運馬的貨車櫃抵達，當鹿主人牽著牠走下來時，有兩件事立刻一目瞭然：一，奧坦絲絕對是頭公鹿；二，牠已經差不多四歲了，頭上那對巧克力色的鹿角，叉出一片致命的刺網，披著一身點綴白斑的典雅毛皮大衣，巍然站立，足足有三呎半高。

「這哪裡是一頭小鹿?!」母親被嚇呆了。

「噢，沒錯，夫人，」鹿主人的父親急忙解釋，「牠還年輕、很可愛的。跟狗一樣乖。」

奧坦絲先用鹿角牴門，發出一陣步兵部隊操槍的聲響，接著頭往前傾，很文雅地從母親心愛的菊花叢裡拔起一株，若有所思地嚼了起來，並用一對水汪汪的眼睛觀察我們。我趁著母親尚未回神，火速接過扣住奧坦絲項圈的狗鍊，拉著牠往車庫走。我當然不會向母親承認，其實我想像中的奧坦絲也只是頭令人一見心就要融化的小小鹿；我甚至還花了一大筆錢，為這頭大雄鹿買了一只奶瓶。

我牽著奧坦絲走進車庫，後面跟著母親。我還來不及綁好牠，牠已發現一名死敵——一臺獨輪手推車，並企圖把它拋向空中，失敗！只好衝上前撂倒它，牴得它肚破腸流。我趕緊將奧坦絲栓在牆上，火速移走所有可能再度激怒牠的園藝工具。

「牠不會太凶吧，親愛的？」母親憂心忡忡地問，「你知道賴瑞最受不了凶猛的動物。」我當然知道大哥受不了動物——所有的動物，無論牠們凶不凶！心裡不禁慶幸他和我另一個哥哥及姊姊這時正好不在家。

就在這個時候，奧坦絲突然發覺牠不喜歡獨自留在車庫裡，開始用力牴門，整個車庫在牠的撞擊之下連地基都開始搖撼。

「也許牠餓了！」母親一邊後退一邊喊著。

「我想也是，」我說，「妳可不可以去拿點胡蘿蔔和餅乾來餵牠？」

母親邁開步伐，衝去拿安撫鹿的食物，我則走進車庫，開始與奧坦絲搏鬥。牠顯然很高興看到我回去，歪頭牴了我肚子一下。幸好我發現牠也和大部分的鹿一樣，喜歡有人在牠的鹿角基部頭皮搔癢。牠很快就陷入半昏睡狀態，再加上一大袋蘇打餅乾和幾磅胡蘿蔔適時出現，便乖乖安頓下來，開始安撫自己旅途勞頓的轆轆飢渴。

趁著牠忙，我趕快打電話訂了乾草、秣草及燕麥。等牠吃飽後，我帶牠到附近的高爾夫球場散步，一路上牠的表現可圈可點。等我們回家時，車庫角落已有乾草鋪的床和作為宵夜的秣草及碎燕麥等著牠，牠似乎很滿意，於是我小心翼翼地鎖上車庫門，回屋裡去。直到要就寢時，我真的以為奧坦絲已經安頓下來，從此不僅將成為極吸引人的珍奇寵物，還能提供我嚮往已久、豢養大型動物的經驗。

隔天清晨五點左右，我被一陣奇怪的聲響吵醒，聽起來像是有人每隔一段時間就往後院裡投一顆炸彈。我心想怎麼可能呢，起來一探究竟，屋內則傳來了摔門聲與咒罵聲，我想家人也在納悶。我將頭伸出窗外往後院看，赫然發現車庫彷彿大浪中的一艘小船，在微曦中前後搖晃，原來奧坦絲又在牴門，要早餐吃。我火速奔下樓，抱了一大堆秣草與碎燕麥及胡蘿蔔去安撫牠。

「你到底在車庫裡關了什麼東西？」早餐時大哥極不友善地瞪著我問。

我還來不及矢口否認，母親已搶先一步替我辯護。

「只是一頭很小的鹿，親愛的，」她說。「再喝點茶。」

「聽起來好像不小，」賴瑞說，「聽起來好像羅契斯特先生的老婆。」

「牠很乖，」母親補充，「又好喜歡傑瑞。」

「那可稀奇了！」賴瑞說，「反正別讓那東西來煩我就好，日子已經夠難過了，我不想再看到一群馴鹿在花園裡走來走去。」

那個星期我是人見人嫌。前幾天我的猴子大清早鑽進賴瑞的被窩裡，猛然發現這麼一個討厭的人，就咬了他的耳朵；我的喜鵲把我另一個哥哥，萊斯里，親手種的一整排番茄全部連根拔起；一隻我養的草蛇逃亡後躲在沙發墊後面，在姊姊瑪戈震耳欲聾的尖叫聲中被發現。我因此決定將奧坦絲與家人徹底隔離，可惜我的努力很快就破滅了。

那天是難得和煦的英倫夏日，居然看得見太陽，樂不可支的母親決定在草坪上喝茶。等我和奧坦絲從高爾夫球場散步回家時，一繞進屋子便看見全家人都坐在折疊椅上，圍著茶點手推車，推車上精心排列著茶具、三明治、李子蛋糕和一大碗覆盆子加鮮奶油。這幅出其不意的詳和畫面讓我愣了一下，卻令奧坦絲大受震撼，牠認定有一隻四輪怪獸阻隔在牠與溫暖的車庫之間，面對如此可怕的危機，牠別無選擇，只得發出一聲開戰的淒厲鹿鳴，低頭向前衝刺，把我手中的狗鍊猛地扯落，對準手推車攔腰撞上去，一對鹿角叉進桌面上的食物堆裡，霎時杯盤滿天亂飛。

我的家人身陷其中，一時動彈不得——要知道任何人碰到突發狀況，想身手矯捷地跳出折疊躺椅，都是極困難、幾乎不可能的事。——結果母親被熱茶淋了一身，小黃瓜三明治黏在瑪戈身上，覆盆子和鮮奶油則以均衡的比例撒在賴瑞和萊斯里身上。

「給你最後通牒！」賴瑞一邊忙著把黏在褲子上的爛覆盆子拍掉，同時朝我狂吼。「立刻把那頭該死的動物給我弄走！聽到沒有?!」

「好了、好了，親愛的，不要說粗話！」母親息事寧人地安撫，「意外嘛！那可憐的小東西又不是故意的。」

「不是故意的？不是故意的？」賴瑞的臉漲得通紅，伸出一根顫抖的指頭，指著奧坦絲大吼。雄鹿這時也被自己造成的亂象驚呆了，極乖巧地坐在一旁，鹿角上還掛著一條餐巾，垂下來好似新娘的面紗。

「妳明明看到牠過來撞手推車，還說不是故意的？」

「我是說，親愛的，」媽企圖自圓其說，「牠不是故意要把覆盆子倒在你身上。」

「我不管妳說什麼，」賴瑞氣呼呼地說，「我不管！我只知道傑瑞非把牠送走不可！家裡不准養這種橫衝亂撞的猛獸，下一次牠搞不好就來撞我們了，妳以為我是誰？水牛比爾？」

就這樣，不論我怎麼苦苦哀求，奧坦絲仍被放逐到附近一座農場上，同時也帶走了我想在家中豢養大型動物的唯一希望。接下來我能做的似乎只有一件事：去動物園工作。

決定之後，我坐下來寫了一封自覺無限謙卑的信給倫敦動物園協會，儘管二次大戰尚未結束，該協會仍擁有全世界數量最多的動物。我渾然不覺自己的野心漫無邊際，坦承寫下對未來的計畫要點，並暗示我正是他們夢寐以求、遍尋難得的員工，只差沒直接開口問幾號可以開始上班。

通常這種信最後都會適得其所地被扔進字紙簍裡，好在我鴻運當頭，信居然傳到當時倫敦動物園園長傑佛瑞．維富手裡。此人無疑是世上心腸最好、又最文明的人，也可能是他極少看到如此厚顏無恥的信，覺得好奇，就回信請我到倫敦面談；我心中狂喜無比。見面之後，受到維富先生溫文態度的鼓舞，我侃侃論及各種動物、動物蒐集以及我自己的動物園。若是修養稍微差一點的人，必定當下澆我一盆冷水，指出我在做春秋大夢，然而維富先生以無比的耐心與人際手腕，讚許我的志向，並表示會找時間想想我提出的計畫；我因此懷著比來時更激動的情緒離開。

過了一段時間，我收到維富先生寄來的信，信中語氣委婉，表示很不幸目前倫敦動物園基層職員並無缺額，不過如果我願意的話，協會在惠普斯奈（Whipsnade）的鄉間動物園倒需要一位實習生；接到這個消息，比聽到他打算送我一對正值繁殖年齡的雪豹還令我雀躍。

幾天後，我懷著筆墨無法形容的興奮情緒前往貝德福郡，只帶了兩卡皮箱，一個塞滿舊衣服，另一個裝滿博物史書及無數肥厚的筆記本，以便記錄我在照顧動物時的每一項觀察心得，以及從同事們嘴裡吐出來的每一句金玉良言。

十九世紀時，偉大的德國動物商哈根別克創造了全新的動物園型態，在他之前，每隻動物都被塞進設計差勁、極不衛生、柵欄密不通風的牢籠內，一般人看不清楚這些動物，動物本身也很難在這種令人作嘔的集中營式環境生存下去。對於該如何展示動物，哈根別克有一套全新的想法；他不用鐵條橫陳的陰暗地窖，而是給予動物光線與空間，還有人造假山與假石，任牠們攀爬，再用乾的或注滿水的壕溝將動物與民眾分開。這對當時的動物園權威來說，簡直是異端邪說，他們駁斥這樣做太不安全，因為動物一定會爬出壕溝，就算不爬出來，也會統統死光，因為眾所皆知，若不把熱帶動物關在空氣不流通、細菌叢生的高溫高濕度的室內，牠們就會立刻死掉！——至於隨處可見熱帶動物日益消瘦或死在這類土耳其浴牢籠裡的情形，權威們卻絕口不提。後來這批人都跌破了眼鏡，因為哈根別克動物園的動物們個個活得生氣蓬勃，在戶外畜欄不僅健康狀況改善，甚至成功繁殖出下一代。一旦哈根別克證明以這種方式不僅能圈養出更健康、更快樂的動物，而且還能提供民眾更精采的動物表演，全世界的動物園立刻跟進，紛紛效尤。

惠普斯奈其實是倫敦動物園想超越哈根別克構想的嘗試。協會買下坐落在鄧斯特布爾山丘（Dunstable Downs）上的廣大農場，投下巨資，讓所有園內動物都生存在盡可能接近其自然環境——也就是在遊客眼裡像是自然環境——的狀態中；獅群有森林，狼群有樹林，羚羊及其他有蹄動物則擁有連綿起伏的廣袤草原。對當時的我而言，去惠普斯奈幾乎就等於去非洲，因為政府提高稅金，逼得大批貴族改行當動物園園主的時代尚未來臨[2]。

等我抵達惠普斯奈後，才發現那是一個極小的村落，只有一間酒吧，和寥寥幾座鄉村小屋，慵懶散立於榛木雜樹林覆蓋的山谷之間，我先到出納室報到，留下皮箱，再前往行政區。孔雀拖著長尾巴晶瑩閃爍地橫過綠草坪，主車道旁的松樹上懸掛著一個巨大無比的鳥巢，彷彿樹枝推成的乾草堆，巢邊棲滿吱吱喳喳、不斷尖叫的奎克長尾鸚鵡。

我走進行政區，被帶進園長畢爾隊長的辦公室。他只穿著休閒襯衫坐在裡面，搭配一套極搶眼的橫紋吊帶褲，面前的大桌上疊羅漢似地堆滿各類文件，大部分看起來嚇人地正式，如科學報告一般，還有一堆正好蓋住電話。隊長起身後，一眼望去他是個身高與肚圍都超乎尋常的男人，加上一顆光禿禿的腦袋，配著一副鐵邊眼鏡，嘴角彷彿總在打量似地下撇，看起來簡直就跟漫畫裡的比利．邦特[3]一模一樣。他緩緩地繞過桌子踱到我面前瞪著我，鼻息沉重地朝我噴著大氣。

「杜瑞爾？」他突然開砲一樣盤問我。「杜瑞爾？」

他的聲音非常低沉，有點像遠方傳來的乾雷。很多人在西非海岸待了幾年之後，聲音似乎都變成那樣。

「是的，長官，」我說。

「很高興看到你，坐。」隊長說完握握我的手，繞回桌後坐下。

他往椅子上一倒，椅子嘰嘎亂響了一陣。然後他把兩根拇指插進褲口，其他幾根手指在一旁敲了一陣，繼續瞪我；靜默的時間似乎無限延長。我膽怯地朝椅子邊緣坐下，迫切地想給眼前這個高大男人良好的第一印象。

2 工黨執政後，對富豪大地主施以苛稅，擁有大片土地的貴族無力負擔，紛紛開放莊園，豢養各種野生動物，作為獵場或動物園，一時蔚為風潮，少數幾家現在仍存在。

3 Billy Bunter，英國知名漫畫人物，是個總是惹禍上身的高胖小學生。

「你想你會喜歡這裡嗎？」畢爾隊長突然開口，聲音大得把我嚇得從椅子上跳了起來。

「呃……會的，長官，我想我一定會喜歡這裡。」我說。

「以前你從來沒做過類似的工作？」他問。

「沒有，長官，」我回答，「不過我一直都養很多動物。」

「哈！」他輕蔑地說，「天竺鼠、兔子、金魚……對吧？嗯，你會發現跟這裡不太一樣。」

我很想告訴他我養過很多比兔子、天竺鼠和金魚都珍奇的動物，不過當時沒我說話的餘地。

「我現在把你交給菲爾．貝茲，」隊長又拉扯著嗓門，同時用一隻手抹抹自己的光頭。「他是主管，會替你安排。我不知道他會怎麼安插你，不過會先替你找個區開始工作。」

「非常謝謝您。」我說。畢爾隊長像個高塔似地突然站起身，搖搖擺擺步出辦公室；我跟在後面，彷彿跟著一頭乳齒象。他嘎扎嘎扎踩上碎石步道，突然止步，鷹視四周，豎耳傾聽。

「菲爾！」他突然大吼，「菲爾！你在哪裡？」他的聲音是如此宏亮狂暴，本來站在一旁忙著炫耀羽毛的孔雀驚惶地看了他一眼，立刻收攏尾巴，操起小快步急急跑開。

「菲爾！」隊長再次怒吼，「菲爾！」

我聽到遠方傳來一陣荒腔走調的口哨，隊長也歪頭在聽。

「他在那裡，」他說，「該死的傢伙！為什麼不過來？」就在那個時候，繼續吹著口哨的菲爾．貝茲不慌不忙地從行政區後方繞出來。他是個體格健壯的高個子，有張慈祥的棕臉。

「隊長，你叫我？」他問。

「嗯，」隊長咕噥著，「要你來見見杜瑞爾。」

「噢，」菲爾微笑地對我說，「歡迎你來惠普斯奈。」

「那我先走一步了，杜瑞爾，」畢爾隊長說，「菲爾會好好照顧你。呃……回頭見。」

他彈了一下褲吊帶，發出抽鞭子的響聲，微微低下那光可鑑人的禿頭，便搖搖晃晃踱回自己的辦公室。

菲爾望著隊長的背影溺愛地微笑了一會兒，這才轉頭看我。

「嗯，」他說，「首先得替你安排住處。我已經跟查理．貝利提過你，呃，他是管大象的。他好像可以提供你住宿，我們去找他談談。」

我們走在寬闊的主車道上，孔雀彷彿無處不在，朝我們誇示閃爍金屬光澤的長尾巴；好似廉價珠寶的金雄，躲在矮樹叢裡熠熠生輝。菲爾自顧自快樂地吹著他荒腔走調的口哨，後來我發現隨時都可以憑藉這持續不斷、毫無音準的口哨聲判定他在園內的位置。我們來到看起來像是一排巨大醜陋藥丸盒的水泥建築「象屋」前面，象屋後有一座搭起的小棚，象群管理員正在裡面喝茶休息。

「呃……查理，」菲爾帶著歉意地呼喚，「你可不可以出來一下？」一位矮小結實的男人走出來，光禿的頭頂下有一對像在作夢的羞赧藍眼睛。

「嗯……查理，這位是……呃……你的名字叫？」菲爾轉頭問我。

「傑瑞。」我說。

「這位是傑瑞。」

「哈囉，傑瑞，」查理對我微笑，彷彿我是他仰慕已久、最想見的人。

「你覺得可不可以讓他在你家住下？」菲爾說。

查理對我甜甜一笑。

「應該沒問題，」他說。「我跟貝利太太討論過，她好像願意，傑瑞你何不現在就去見她？」

「好主意。」菲爾說。

「我們待會見。」查理說。

菲爾帶我走出動物園大門，來到廣場的邊緣。

「沿著這條小路走下去，左邊第一家，」他指給我看。「絕不會錯過的。」

我穿過公有地，金翅雀在新苞吐蕊的荊豆叢中倏忽閃動著猩紅與嫩黃。我爬上一段緩坡，來到一棟小木屋前，打開大門，穿過鮮花怒放的小花園，敲了敲前門。園內一片寧靜，蜜蜂在花間發出催人入眠的嗡嗡聲，一隻林鴿不知躲在哪裡滿足地咕咕叫，有隻狗在遠處吠。

貝利太太打開前門；她是位漂亮的女性，眼睛很美，頭髮梳得很整齊，整個人無可挑剔，一看便知是位俐落能幹的女主人。

「有什麼事嗎？」她謹慎地問。

「早安，」我說。「您是貝利太太？」

「沒錯，我就是。」她說。

「查理要我來見您，我是傑瑞．杜瑞爾。新來的。」

「噢……」她擺擺頭髮，把圍裙撫平。「對了、對了，快進來。」

她領我穿過一個小小的玄關，走進飯廳，裡面擺著一座巨大爐灶、一張乾淨桌子和幾把有點舊卻感覺很舒適的椅子。

「坐！」她說，「想不想喝杯茶？」

「如果不是太麻煩的話，我很想。」我說，「一點都不麻煩，」她誠懇地說。「要不要吃塊蛋糕或鬆糕？我做了一些鬆糕。還是你想吃三明治？我可以幫你做個三明治。」

「我……我不想這麼麻煩您。」一下子可以選擇這麼多食物，令我有些吃驚。

「哦，一點都不麻煩，」她說，「我曉得你們這些年輕人永遠都肚子餓的，況且正好到了午茶時間，很快可以準備好，我這就來燒水。」

她快步走向大概是廚房的區域，我聽到一陣鍋盤碰撞聲，不久她就走回來擺桌子，放下一個巨大的李子蛋糕，一盤堆得像小山的鬆糕，一條全麥麵包，一大塊嫩黃的牛油，還有一罐草莓果醬。

「果醬是我自己做的。」她說。

她在我對面坐下。

「茶馬上泡好，再等一下水就開了。你先填填肚子，吃點東西。」

她寵溺地看著我在麵包上塗上厚厚一層牛油及草莓果醬。

「這樣就對啦！」她說，「現在告訴我，你來找我有什麼事？」

「查理沒有提過？」我驚訝地問。

「提過？」她頭一歪反問，「提過什麼？」

「他說您也許可以空出個房間讓我住。」我說。

「我以為這件事已經講好啦。」貝利太太說。

「哦，這樣啊。」我愣住。

「是啊，」她說，「我當時對查理說——因為我信任他的判斷能力，你先看看那個年輕人，如果你喜歡他，那他就可以來住。」

「太謝謝你們了，」我說，「但查理沒跟我說這些。」

「真——是——的！」她說，「真——是——的！總有一天他會連自己的腦袋都忘了帶！我說只要你還算體面，我就願意讓你住下來。」

「嗯，我不確定自己夠不夠體面，」我猶豫地說，「不過我會盡量不惹人討厭。」

「噢，你不會有問題的，」她說，「那就說定囉。你的行李呢？」

「我待會兒從動物園拿過來。」我說。

「好，這件事就這麼說定了，我去泡茶，你再多吃點麵包。」

「呃，還有一件事……」我說。

「什麼事？」她問。

「嗯……嗯，那我一週該付多少錢呢？您知道，我的薪水不多，恐怕出不起太高的房租。」

「嗯，」她伸出一根指頭很嚴厲地對我搖一搖。「我可不會搶你的錢，我知道你拿多少薪水，我絕不會和你算這些。你認為該拿多少呢？」

「兩鎊會不會太少？」我滿懷希望地提出這個數字，巴望自己可以留下一鎊十先令，買菸和其他的生活必需品。

「兩鎊？」她震驚地說，「兩鎊？太多了！我說過我不會搶你的錢。」

「可是您還要供餐，還有一些日用品。」我說。

「沒錯，但也不能當強盜啊！我才不做這種事！以後你每週付我二十五先令就好，綽綽有餘了。」

「這樣夠開銷嗎？」我問。

「當然夠，」她說。「我可不要別人在背後說貝利太太占年輕人的便宜，尤其人家才剛開始工作。」

「我還是覺得太少了。」我抗議。

「不要拉倒！」她說，「不要拉倒！你可以去住別的地方。」

她對我微笑，把蛋糕和鬆糕往我面前推。

「如果能嚐到自製草莓果醬的話，」我說，「我很願意住下來。」

她喜逐顏開地笑了。「那好，」她說，「樓上有間小臥室是給你住的，待會兒我帶你上去看。我先去泡茶。」

喝茶的時候，她告訴我查理本來在倫敦動物園工作，因為戰事與象群一起撤退到惠普斯奈，於是她也跟來了。大象是死心眼的動物，一旦接受了那位照顧牠們的管理員，他通常得終身陪伴牠們。

「我們在格德斯綠地上有一棟很好的房子，」她說，「真的非常、非常好，這話雖然不應該由我來說，不過它真的替我們家掙足了面子。當然囉，這間小房子也不錯，住在這裡很舒服，不過我還是想搬回自己的房子住。」

「而且你也知道，靠別人都是靠不住的。上一次我回去看房子，發覺門前的臺階不知道已經多久沒刷啦，都快變黑了！我差點沒哭出來。所以我真想搬回去住，不過也不能否認住在鄉下真的挺舒服就是了。」

等我喝完數杯茶、吃了兩塊蛋糕和大量的草莓果醬與麵包之後，貝利太太才心不甘情不願地把桌上的食物收走。

「你確定你已經吃飽了？」她很仔細地端詳我，彷彿想從我臉上找出營養不良的跡象。

「你確定不要再吃塊麵包或蛋糕什麼的？而且你一個鬆糕都還沒嚐過！」

「真的夠了，」我抗議，「再吃我就吃不下晚餐了。」

「噢，對了，晚餐，」她的臉上突然陰雲籠罩。「晚餐！我們今天晚上可能要吃冷食，希望你別介意。」

「不，我一點也不介意。」我說。

「嗯，」她說，「你回園裡找查理，等他收工後跟他一起回來，把你的行李也提過來，我們幫你安頓好，你看怎麼樣？」

於是我穿越公有地走回動物園，心蕩神馳地在園內漫遊了一小時左右。惠普斯奈太太，我一時無法全部逛完，但我找到了松樹筆直簇生的狼林；眼神狡黠的狼群在樹基朦朧的暗影間逡巡，偷偷從一棵樹躲到另一棵後，偶爾互吠扭打一陣。牠們在林間穿梭的動作是如此迅速且寂然，讓你誤以為是幾片柴灰，隨著驀然迴旋的風捲起、飄落。狼林附近有一畝左右的地，是棕熊的圍欄——身軀龐大、步履蹣跚、顏色像餅乾的棕熊，在懸鉤子與荊豆叢中邊嗅邊逛，不時用爪子東挖西刨。看到動物活在這樣的環境裡，我不禁入迷了，深信這是最理想的圈養方式。日後我才理解到，在極大的範圍內圈養動物，不僅對動物本身或是對管理人來說，其實都是苦樂參半。

一個回神，我匆忙趕回象屋去找查理。我們一起領出了我的行李，穿過公有地，走回小屋。

「把靴子脫掉，你也一樣！」貝利太太一開門就說，「不要把泥巴踩到我乾淨的地板上。」

她指了指在玄關地上鋪好的報紙，我們乖乖脫掉靴子，只穿著襪子走進飯廳。餐桌顯然已經快被食物給壓垮了：火腿、牛舌沙拉、嫩洋芋、豌豆、長豆、胡蘿蔔，加上一大個淋滿鮮奶油的葡萄酒漬蛋糕。

「我不確定這樣夠不夠，」貝利太太憂心地說，「這只能算是點心，不過也沒辦法了。」

「嗯，我以為妳會弄點別的，這小子需要吃點熱的……大家都將就一下吧。」

我們坐下來享用晚餐，每道菜都很可口，每個人都很滿足，好一陣子沒人開口。「傑瑞，你怎麼會想來惠普斯奈？」仔細把盤中每樣食物都切成小塊的查理，終於開口問我。

「嗯，」我說，「我一直都對動物感興趣，將來想去蒐集動物，替動物園去非洲或是其他地方帶動物回來。我需要接觸大型動物的經驗，你也知道，這在伯恩茅斯是不可能的，總不能在郊區花園裡養一群鹿吧，對不對？」

「噢，」他說，「當然不可能，我懂你的意思。」

「再來一點沙拉，」貝利太太顯然對於在後院養大型動物的困難一點都不關心。「不用了，我碗裡還很多，」我說。「謝謝。」

「那你打算什麼時候出國？」查理很認真地問，我立刻對他產生極大的好感。

「等我訓練好就出發。」我說。

查理點點頭，接著神祕地對自己溫柔一笑，嘴裡無聲地囁嚅了一陣。這是他的習慣，總是微笑著默默重複一遍你剛對他說過的話，要銘記在心。

「把豌豆吃光，」貝利太太說，「不吃也是丟掉。」終於，我們吃得飽飽地上樓睡覺。我的房間在屋簷正下方，天花板橫架著橡木造的梁，傢俱都很舒適，等我把書和衣服全從皮箱拿出來放好後，看起來簡直就跟皇宮一樣。我鑽進被窩裡，得意地長嘆一口氣：我終於來了——來到惠普斯奈！我在竊喜中睡著，彷彿才過了幾秒鐘就被查理吵醒；他端了茶上來給我。「起床囉，傑瑞，」他說。「該上工了。」

才掃完還在滋滋作響、又脆又香的香腸培根蛋，加上一大壺茶，查理和我穿過籠罩在晨露而一片朦朧的公有地，進入園區，與一群忙碌的同事會合。

「傑瑞，你在哪一區工作？」查理問我。

「我不知道，」我說，「菲爾沒跟我說。」

就在那個時候，菲爾出現在我身旁。

「噢，」他說，「早啊。都安頓好了吧？……好！」

「你要我去哪一區工作？」我問。

「我想呢……」菲爾一副非常英明地說，「你可以先從獅子區開始。」

第二章

榮耀的獅子

A Lusk of Lions

看啊，那溫文儒雅的獅子！

——喬叟《貞潔婦女的傳說》
（Geoffrey Chaucer, *Legend of Good Women*）

當我聽到要從獅子區開始時，的確有點震驚。我安慰自己幸好當時沒立刻露出不安的表情，但心裡巴望著自己能從比較溫馴的動物著手，例如一群眼眸如夢似幻的鹿……在一名新人對工作還完全陌生的情況下，就硬往一大群獅子堆裡塞，似乎有欠公平。不過我裝作漫不在乎，逕自前往新的工作區。

我發現該區地處小山丘頂，藏在一排接骨木樹叢和高高的蕁麻叢後。樹叢隨山坡緩緩下降，直到與山谷銜接處戛然而止，再由無數簇柔軟的綠草取代，每簇都像一頂經過兔子嚙咬過的假髮，正好庇護草叢下方的螞蟻窩。這裡視野極佳，可以鳥瞰從山腳迤邐濃橫過整片山谷如馬賽克般的鑲嵌田野，彷彿千百片用粉蠟筆塗過的色塊，在巨大的雲朵陰影行進下不停變幻色彩。

這區的神經中樞是一間搖搖欲墜的小茅屋，屋外圍繞著一片轇轕無垠的接骨木樹林。小屋俏皮瀟灑地戴了一頂忍冬假髮，幾乎完全遮住兩扇窗戶，室內因此總是一片陰暗。屋外掛著一面破爛的布告欄，上面寫著小屋的雅號：安憩園。屋內傢俱的簡樸可媲美僧院：三把朽壞程度不等的椅子，一張搖搖晃晃、一擱東西上去就像匹受驚的馬會前仆的桌子，再加上一座極醜怪的黑爐子，蹲在角落裡不停從兩排鐵齒中間往外吐煙和大量反芻木炭餘燼。

我就是在這間陰暗的小屋裡找到負責本區的兩名管理員：傑斯是個紅臉寡言的人，毛茸茸的白眉下有一對凶狠的藍眼，鼻子的顏色和肌理都酷似一粒巨大的草莓；喬正好相反，棕臉、閃閃發亮的藍眼、沙啞富感染力的笑聲，全身散發著一股詼諧感。他們吃完被我打斷的早餐後，傑斯帶我參觀全區，向我介紹園內動物及工作內容。區內一端養了一隻名叫彼得的袋熊；接下來的兩個獸欄，一欄養了一群北極狐，另一欄養了一群狸；然後是熊欄，裡頭有兩團大白球似的北極熊，還有養著一對老虎的虎穴。順著山勢往前走，是另一個住了一對老虎的圍場，最後才是本區的代表動物：獅子。

雄獅艾伯與牠的太太們

我們沿著蜿蜒狹窄的步道穿過接骨木樹林，終於來到圍繞獅籠的高鐵絲網前。獅籠占地兩畝，建在山坡頂上，籠內長滿矮樹叢與高矮樹木。傑斯帶我順著柵欄走，一會兒看見一叢矮樹蜷成一個小谷，一會兒看見一片圍繞水池的茂密草原，獅子們就躺在一株根瘤盤結的火棘下，形成一幅絕妙的圖畫。雄獅艾伯躺在淡白色的陽光下，裹著自己的鬃毛，正在沉思冥想，身旁倚著牠兩位胖嘟嘟的金黃色妻子，南與姬兒，兩隻都睡得正香，湯盤似的大腳掌不斷輕輕抽搐。傑斯大喊牠們的名字，並用一根樹枝敲鐵絲網，要牠們過來跟我見面。艾伯僅將頭轉過來幾秒鐘，投來一個令人畏縮的眼光，又回頭繼續沉思；南和姬兒連動都沒動。牠們看起來一點都不凶野，反而似乎體重過重又懶惰，而且太驕傲。傑斯打開兩腳，彷彿站在不停搖晃的甲板上，開始用力咂嘴，同時用他的藍眼狠狠地瞪我。

「你給我聽好，小夥子，」他說，「聽我的話，就不會犯錯。那邊的袋熊、狐狸和狸，你都可以進牠們的籠子，懂吧？可是其他的，千萬不可大意，否則就會被吃掉！牠們或許看起來很溫馴，其實全不是這回事，懂吧？」

他又咂咂嘴，同時觀察我是否把這段訓話聽進去了。我向他保證，除非我真正和動物熟起來，否則絕不會掉以輕心。我感覺（當然沒說出來）若還沒正式介紹自己就被獅子吃掉，豈不太「沒面子」了。

「嗯，你聽我的準沒錯，小夥子，」傑斯又重複一遍，彷彿預報凶兆似地用力點頭。「我會好好教你！」

頭幾天我忙著學習，牢記餵食、清掃及其他雜務的程序，這些工作都非常簡單而且規律，一旦上手後，便有較多機會觀察被我照料的動物，研究牠們的習性。我會隨身在口袋裡塞個大筆記本，碰到任何小事都立刻拿出來記錄，傑斯和喬都覺得很有意思。

「跟他媽的福爾摩斯一樣，」傑斯這麼描述我，「老是記些鳥事！」

喬喜歡耍我，愛描述一些他目擊到的既冗長又複雜的動物行為，不過他的想像力太天馬行空，吹過頭的很快就被我識破。

很自然地，我的研究先從獅子開始。既然首次與這種猛獸親密相處，我決定閱讀所有現存有關獅子的文獻，然後和自己的觀察互相印證。不出所料，我發現大概再沒有另一種動物（除了神話動物以外）被人賦予更多莫須有的美德。自從不知哪一位完全不懂動物科學、卻對動物充滿熱情的人封獅子為「萬獸之王」後，舞文弄墨者便互相角逐，不斷提出獅子不虛此名的證據，尤其是古代作家，更異口同聲讚美 Felis leo[4] 的各種性格：溫柔、睿智、勇氣與運動家精神，難怪獅子會被羞怯又謙遜的英國人選作民族象徵。然而和艾伯及牠的兩位太太短暫相處之後，我卻立刻發現真正的獅子和那些作家的胡謅完全是兩碼子事。

我在老普林尼約於一六七四年出版的《自然史》（*Naturalis Historia*）中發現一段有關「萬獸之王」的有趣記載：

> 萬獸之中惟獨獅子，凡臣服在牠面前者皆以溫文待之，不予碰觸；凡在牠面前五體投地者，皆寬恕其生命。
>
> 逢其凶性大發，盛怒之餘，必將怒火先發洩於男性身上，再轉向女性。除非飢餓至甚，否則從不擾食嬰兒。

才認識艾伯三天，我便明白這段描述完全不像牠。牠的確經常處在凶性大發及盛怒的情緒中，不過依我看卻完全缺乏憐憫心，不論是誰，若想嘗試「在他面前五體投地」，獲得的獎賞肯定是頭從後頸處被一口咬掉！

我曾拜讀的另一位古代作家是珀爾夏斯，他以從未目睹獅子的滿滿自信，向我保證「寒帶獅子較溫和，熱帶較凶猛」。讀後我開始對和艾伯建立友好關係寄予極大的希望，因為我一抵達惠普斯奈之後，天氣立刻轉冷，冰刀似的狂風掃過山丘，令那幾叢其貌不揚的接骨木樹林互相傾軋，不斷呻吟顫慄。根據珀爾夏斯的說法，在這樣的氣候裡，艾伯和牠的伴侶應該都像友善的小貓咪到處嬉耍才對。

隔天我對珀爾夏斯的信心便完全粉碎；當時我迎著強風哈腰弓背，皮膚發青，經過獅籠，想趕回溫暖的「安憩園」避寒。艾伯藏在獅籠中靠近步道、覆滿長草與蕁麻叢的角落裡。我確信，稍早牠一定有看見我走過，決定要在我回來時給我個驚喜。牠一直等我走到牠正對面，才突然飛身一躍，撲到鐵欄上，同時發出令人汗毛

4 編注：拉丁語中的「獅子」。

直豎的憤怒嗆咳聲，接著弓身蹲下來盯著我看，黃色的眼睛因為我的驚慌而充滿惡意的促狹；牠顯然覺得這個惡作劇很有趣，當天又玩了一遍。再一次，牠很得意地看著我像匹受驚的馬倏地跳起來，而且這一次他還樂加一等，眼睜睜看我拋出手上的水桶，跌了一大跤，重重摔進一叢長得特別肥美的蕁麻裡。我因此發現，冷天不僅不會讓艾伯變得溫和，反而讓牠更瘋瘋癲癲，老愛躲在矮叢後面，冷不防地跳出來驚嚇那些正好路過的老太太。我猜想，大概因為這項運動在天氣寒冷時有助於血液循環吧。

我繼續閱讀老普林尼與珀爾夏斯對獅子的描述，但已開始抱持審慎的態度。忍受了一整天艾伯的驚嚇之後，我發現他們筆下的獅子都有一種童話般令人心安的特性，比起我看管的那幾頭獅子可愛許多。我尤其喜歡幾則旅人在野外與獅子邂逅的小故事，在在強調了獅子的聰明與敦厚。老普林尼轉述一位來自敘拉古的僧侶在敘利亞遇見一頭獅子，後者彷彿對他一見傾心，像隻羔羊似地圍著他蹦跳，還熱情萬分地舔舐他的腳印。僧侶最後才發現，原來獅子腳掌裡有一根大刺，盼望他能代為拔除，所以才這般示好。

「那個時代的獅子似乎都非常粗心大意」，老普林尼還記載了一位名叫艾爾庇斯的旅人的親身遭遇，令我「盡信古人書」的態度受到最大的考驗。艾爾庇斯才剛踏上非洲大陸，立刻有頭獅子張開大嘴，上前搭訕。旅人很自然地奔往最近的一棵樹，爬到最高處的枝椏上等待獅子離去，但獅子仍然張大著嘴在附近徘徊不去，做出各種表情，想告訴那位呆瓜先生事有蹊曉。顯然艾爾庇斯不常閱讀旅行文學，否則肯定可以立刻猜到那頭獅子身上有刺，希望他代為拔除。隔了很久他才恍然大悟，不論獅子有多凶猛，也不會神態奇怪地一直張大著嘴走來走去。於是他小心翼翼爬下樹來，果然發現獅嘴裡插了一根骨頭，艾爾庇斯輕而易舉地拔出骨頭，獅子欣喜萬分，感激涕零，即刻志願為救命恩人搭乘的船隻擔任肉商，在他停留該地區期間內每天供應全船鳥獸鮮肉。

艾伯和牠的老婆一點都不像牠們的祖先，非常健康，從來不需要我們替牠們拔除腳掌裡的刺，令我大鬆一口氣。牠們雖然很胖，卻都胃口奇佳，一看見肉便互相咆哮爭吵，彷彿已餓上好幾個星期；而艾伯總是搶走最大的一塊，叼到矮叢裡藏好，再急急趕回來搶走其中一位妻子的肉。每次看牠威嚇伴侶，趁機搶肉，不啻為

「萬獸之王」高貴性格的最佳寫照。

每週我們必須將艾伯一家誘入陷阱一次，好進入獅籠清理骨頭等穢物。陷阱的四周為鐵欄杆，固定在圍場一端，附有活門，我們得將三隻獅子統統安然關進去之後，才能開始工作。整個圍捕過程非常冗長沉悶，若不是因為常讓我感到極度荒謬，簡直單調乏味得令人欲哭無淚。不用說，艾伯一家是極度不合作，若想捕到牠們，你必須兼具狡詐、滿臉無辜及飛毛腿三項才能。第一個成功要件是艾伯必須非常飢餓；牠會沿著鐵欄逡巡，小眼閃爍，鬃毛因狂暴而蓬鬆。我們一臉無辜、容光煥發地走到陷阱旁，將鏟子、桶子、刷子與叉子堆在步道上，然後拿出一大塊血淋淋的肉放在艾伯可以同時看到及聞到的地方，牠則躲在自己的鬃毛大披肩裡觀察我們，發出一連串奸笑似的邪惡咆哮聲。接下來我們拉起陷阱末端的活門，站在一旁大聲聊天，彷彿腦袋裡完全沒有一點想捕獅的念頭。為了替艾伯的智力辯護，我必須先聲明，從頭到尾牠都心知肚明，只不過這已成為一種儀式，若不恪遵，整個過程必將受到擾亂，失去作用。

等待一段時間之後，艾伯仔細研究過那塊肉，也考慮了各種可能性，我們才將肉放進陷阱裡。然後我們靠在鐵欄上，開始做起心理學的自我暗示，以完全不摻雜情緒的平板聲調開啟接下來的一連串問話：「怎麼樣，艾伯？餓了吧，小子？那就來吧！來啊！乖！來吃肉！來嘛！來！來……」我們不斷重複這幾句話，就像個小合唱團似的；更荒謬的是，艾伯根本聽不懂我們在說什麼。

鼓勵的話都說光了之後，情況陷入膠著，我們虎瞪艾伯，艾伯則獅瞪我們。這期間南與姬兒一直在背景裡踱來踱去，顯然因為無事可幹而極不耐煩，但根據傳統，牠們必須等待主子先採取行動，艾伯這時則會陷入精神恍惚的神態。漫長等待之際，我總是趁機求證「人類的眼神是否能夠控制野獸」這項極具爭議性的論題，藉此殺殺時間。我聚精會神地凝視艾伯的小黃眼睛，牠也會眼皮眨都不眨地回看我；唯一的結論是：最後總是我感到全身不太自在。

通常經過十分鐘之後，艾伯仍然沒有一點想進陷阱的徵兆，我們因此被迫採取另一項策略：留下肉，慢慢踱開，直到艾伯以為我們已經走遠，不再構成威脅。便會倏地衝進陷阱裡，一口咬住肉，企圖在我們奔回來將活門猛力拉下之前逃出去。十之八九，鐵門會落在離牠正朝外拖行的尾巴末端兩英寸處，留下我們像傻瓜一樣呆站原地，眼睜睜看牠啣著戰利品找個隱密的地方躺下來好好享受。這麼一來，圍捕行動當然宣告流產，必須再等二十四小時艾伯又餓了才行。同區的其他動物也必須經過類似的捕捉程序，不過都沒有獅子這麼難纏；艾伯顯然有騷擾人類的天賦。

若我們幸運地將三隻獅子全部關進陷阱裡，接著就要繞到獅籠的另一頭，從那邊的小門進入圍場，進去後得將小門反鎖好。我一直很不喜歡那種感覺，因為我們等於被關在兩畝大的牢籠裡，四周由十六呎高的鐵絲網圍住，萬一獅子奇蹟般掙脫了陷阱，那我們可是毫無退路。有一次，喬和我進入獅籠後，照例分頭清掃矮樹叢，撿拾上週被啃剩的骨頭。我們很快就看不見對方，但我可以聽見喬的口哨聲，和他不時將骨頭丟進桶裡的匡噹聲。我沿著兩旁密生懸鉤子的狹窄步道繼續工作，那裡想必是艾伯最愛流連的地方，因為可以看到柔軟的黏土步道上到處印著牠的大腳印，棘叢裡則勾纏著許多簇鬃毛。我正對著那些腳印沉思，想著艾伯的性格是多麼地邪惡與粗暴時，突然聽牠大吼了一聲。陷阱明明在我左方樹林後面，相隔好一段距離，我卻清清楚楚聽見吼聲從我正前方傳來。我嚇得還沒確定艾伯的位置，就已拔腿全速衝到大門口；喬也同時抵達。

「牠跑出來了？」等安全出籠後我心有餘悸地問。

「不知道，」喬說，「我來不及看。」

我們繞到圍場另一頭，看見三頭獅子仍安然鎖在陷阱中，但艾伯的眼睛裡又閃著一絲促狹，令我困惑不已。

那是我首次見識到獅子所謂「腹語」的能力，許多作家都言之鑿鑿地強調獅子能夠將自己的吼聲「遠拋」出去，令聲音聽起來彷彿來自兩、三個不同的方向。雖然難以置信，但事實上，許多種類的鳥與昆蟲都具有令人驚異的「腹語」能力，有時你甚至可以親眼看著某隻動物發聲，然而聲音卻像從幾呎、甚至幾碼以外傳來。獅子擁有這種能力的好處顯而易見：夜晚狩獵時可以驚嚇大群獵物，極度恐懼的獵物很可能就在錯亂中自行衝向狩獵者。根據那天早晨的經驗來看，顯然艾伯也有這個本領，牠與喬及我之間的距離一樣遠，我們卻同時感覺那吼聲就來自身邊。

後來我又經歷了一件事，與艾伯「遠拋」聲音的能力有關。有一天晚上我去村子裡參加慶典活動，深夜才回來，決定抄捷徑穿過動物園，走的是沿著獅籠的那條步道。就在我快步穿過颯颯作響的接骨木樹林時，艾伯突然凶惡地咆哮了一聲，我頓時僵在原地。儘管我大致知道聲音來源的位置，當時卻不敢確定。那吼聲震動土地，彷彿來自腳底，若僅憑聲音判斷，艾伯可能在籠內，也可能在籠外；這可不太妙，要不是我有獻身博物史研究的決心，可能早就像隻野兔拔腿開溜了。我仗恃一點蠻勇，走到鐵欄邊朝陰暗的籠內望進去，可惜什麼也看不見，沒有月光，矮叢裡一片漆黑。我繼續朝獅籠走，心裡知道獅子正在跟蹤我，甚至可以感覺牠們飢渴的眼睛正盯著我不放，然而牠們金黃色的身軀寂然無聲，巨大的腳掌連根小樹枝都沒踩裂，完全不露行跡。待我遠離獅籠，走上坡後，我聽到身後傳來一大聲從鼻子裡發出來的哼聲，充滿不屑與嘲諷。

有些人拒絕相信獅子能夠故意拋擲吼聲，堅稱那是因為獅子對著地面吼，聲音散開了，才會令人搞不清楚方向。為了證實這個說法，我非常努力地想目睹艾伯獅吼，可惜都未成功。我總是滿懷希望地經過牠的籠子，期望牠吼給我看，可是每一次牠都頑固地不吭聲。有時候聽到牠開始了，遊客們便會看見一位管理員瘋狂地穿過樹林，奔下步道，彷彿後面追來一隻脫逃的猛獸。可是每一次等我氣喘吁吁抵達欄邊時，艾伯不是已經吼完，就是又改變心意，小咳幾聲後，再度恢復無聲狀態。

即使如此，能夠經常聽到牠雄壯威武的吼聲，我已非常滿足。

牠似乎總愛選在黃昏時突然開始唱歌，出其不意地，牠會先起兩個音——「啊隆！」，間隔很長，彷彿在清嗓子，然後才正式開始：不斷重複的「啊隆」變得低沉宏亮，而且間隔時間愈來愈短，直到一聲趕一聲，全擠在一起，形成猛烈的高潮，再逐漸慢下來，然後就像起音時一般突然地戛然而止。當吼聲達到高峰時，那種充滿各種可能性的駭人感極難描述。客觀地想，其實艾伯的歌聲很像人在一個巨大無比、有迴音的桶子內鋸木頭，剛開始一下一下慢慢鋸，隨著鋸子咬進木頭內層而愈鋸愈快，然後再逐漸緩和下來，暗示著木頭就快鋸斷了，最後，一片寂然！我總在那一刻等待著一段木頭鏘然落地的聲響。

和艾伯交往幾週後，我確定牠完全不符合一般人對獅子的看法；牠整天怏怏不樂，又愛虛張聲勢，絕對不講情分，金色的小眼裡總是充滿挫折與憤怒，彷彿牠拚命想捍衛獅族凶惡的名聲，卻早已忘了動機何在，臉上因此總帶著一絲困惑，彷彿搞不懂自己為何非這麼做不可。牠若不像凶神惡煞般到處逡巡，便沉迷在突然跳出來嚇唬路人的惡作劇之中，然後對著旁人失魂落魄的模樣冷嘲熱諷。到了用餐時間，即惡行惡狀地霸著搶來的肉，飽食一頓後立刻躺在長草堆裡猛打嗝。我很努力試著發掘艾伯任何一丁點可愛之處，就是找不到。

只有一次，我看到牠高貴堂皇的一面，那就是在姬兒發情的時候。艾伯鬃毛蓬鬆，在籠內高視闊步，不斷兀自發出令人心碎的「呃兒……」聲，同時表現出各種貴族般的果決英姿；我敢打賭老普林尼若看到這幕一定會愛死牠！當艾伯在籠內對姬兒亦步亦趨的同時，我又鑽回普林尼的書中，看他對於獅族的愛情生活有何評語，結果找到的第一段相關記述便不是什麼好話：

……母獅性極淫蕩，這即是獅子性情殘暴的緣故。這一點非洲人最清楚，也看得最多。尤其逢大旱時，因缺水，大量野獸群聚於少數幾條河流旁，眾多長相古怪的混血種便在此時出生，雄性動物或迫於情勢，或放縱恣慾，跳到各式各樣的雌性動物身上。

事實上，平時我從來沒看過南與姬兒有任何淫蕩的表現，到了發情季節，更因為被艾伯騷擾得愈加煩悶。然而老普林尼又說：

雄獅憑氣味可辨識豹，母獅若欺騙不忠，與豹媾合，雄獅便假全身力量壓在母獅身上，以茲懲戒處罰。

毫無疑問，南與姬兒根本沒有機會欺騙艾伯，因為牠們被關在一起；不過我敢說艾伯鐵定是位嚴厲的丈夫，我可不想當牠的太太，然後和豹眉來眼去，被牠逮個正著。

令我大惑不解的是，為什麼每次遊客看見艾伯尊貴無比、而且毫不羞赧地在草原中央進行交配時，總是鬼鬼祟祟地互望，不停竊笑？如果這些人知道牠雲雨的對象正是牠的女兒，想必會施予更多道德譴責。

喬在這方面也特別害羞，甚至刻意避開有動物在裡面交配的獸籠；傑斯正好相反。他會用沙啞的嗓門叫嚷些不堪入耳的話替動物加油，令圍觀的遊客尷尬地移步避開。這是傑斯的拿手絕活，他可以讓一堆人像陣煙似地突然消失得無影無蹤。

「他怎麼可以那樣，我真是無法想像，」回到無性的「安憩園」避風港內，喬會這麼對我告解。「搞得我全身忽冷忽熱，真的！昨天我經過獅籠，他又在那裡對遊客說——還有年輕女孩喔，老艾伯又在光天化日之下跟姬兒搞在一起。我真不知道他怎麼說得出口，就算給我一百鎊我也做不到。」

說完他會抿抿嘴唇，一副哀傷的模樣，彷彿真的拒絕了一百鎊似的。可憐的喬，只要動物一發情，他就覺得生不如死。

傑斯除了對動物行為抱持騎士精神外，還具有一項令我和喬都嫉妒不已的能力。就像偵測水脈的占卜者、可以用手骨感應，令榛木樹枝搖晃，指示隱藏泉水的地點；或是獵松露的豬可以聞到那深埋在地下的芬芳蕈類，傑斯也可以靠著天賦異稟一眼瞧見會給小費的人。他通常會站在「安憩園」外面咂著嘴，觀察熙來攘往的遊客，然後瞬間身體一直，毛茸茸的白眉微微顫抖，兩排牙齒滿意地輕輕一合：「兩先令來了！」接著就像他所照料的大貓一般，極狡猾地開始跟蹤獵物。不論喬和我再怎麼努力，也看不出跟傑斯談話的遊客和其他遊客有何不同，然而傑斯的心電感應萬無一失，總能在正式發動攻擊之前，準確預估他將索得的金額。他若是去當私家偵探，一定幹得有聲有色。

「搞不懂他是怎麼辦到的，那個老傢伙。」喬對我說，「前幾天他對我說，『你去試試運氣，喬。那個現在經過北極熊、戴毛呢帽的傢伙不錯，應該值個五先令。』所以我就走過去啦，跟那傢伙磨了半個鐘頭，什麼話都講了，對他友善得不得了，真的！結果他一個硬幣都沒給我，只他媽的請我抽了根伍佰牌香煙！」

經過一段時日之後，艾伯與牠的太太們令我感到索然無味，牠們缺乏同區其他動物突出的性格，又拒絕友好，不讓你真正認識牠們，我覺得老普林尼筆下想像中的獅子比我們照料的真獅子有趣多了。我不確定艾伯是否察覺我不太喜歡牠，牠後來變得極討厭我，每當我經過獅籠，便發出各種可怕的聲響，還企圖謀殺我，而且有一次牠幾乎一舉成功。

那天喬決定要清理獅籠周圍的排水溝，讓我在轉到下一個工作區之前留下美好的回憶。我們帶著水管、叉子、刷子及其他用具，先花費很長一段時間將艾伯與太太們誘入陷阱，然後由喬快樂地吹著口哨、操作水管，我爬進鐵欄內開始逐步清除堆積在溝內的碎物。工作時我必須挨近獅籠，所以艾伯才必須被關進陷阱裡，因為獅籠鐵絲網的空隙很大，艾伯的爪子伸得出來，而陷阱的鐵網網眼就小多了。

剛開始一切順利，直到我掃到陷阱外的那一段，艾伯在裡面早已氣得七竅生煙，喬正灑水灑得不亦樂乎，到處濕淋淋一片，我站起來想去構掃帚，不小心滑了一跤，跌在陷阱旁。算我命大，陷阱的網眼不夠大，否則我的肩膀早被艾伯一把扯走了。只見牠一秒鐘都沒遲疑，勝利地大吼一聲，朝我撲來，拚命想將爪子伸出鐵絲網，戳進我肉裡，結果只伸出一部分腳趾，但已有一根利爪牢牢勾住我的外套袖子。喬驚叫一聲，顯然以為我已被撕裂了，立刻將水管對準我和艾伯。他當然是想將水噴在艾伯臉上，逼牠放開我，可惜在極端激動中失去了準頭，我好不容易才掙脫了艾伯，正往前竄，卻迎面承受一股水柱，又踉蹌被沖回陷阱旁。艾伯抓住機會又想勾我，沒勾住；喬再抬起水管，這次噴到我兩眼正中央。我終於離開陷阱，翻到鐵欄外，全身都在淌水。

「你到底在幫誰？」我問喬。

「抱歉，」他悔過地說，「可是我以為那個老混蛋勾住你了。」

「那也是你給他的機會！」我恨恨地說，一邊用小手帕徒勞地擦著身體。

每兩週我得值一次夜班，在傑斯與喬下班後留守該區，不讓任何遊客在長長的夏夜裡展現睿智，爬到鐵欄杆內或朝動物丟瓶子；這些夜晚令我心曠神怡。我彷彿是君王，視察自己的王國；或是泡上一杯濃茶，坐在「安憩園」內整理自己潦草的筆記。慢慢地，夕陽下的陰影愈拉愈長，橫過草地，最後一小群遊客也朝大門走去。遊客一走便一片寧謐，白天裡飽受一群群不停尖叫小男孩驚嚇的袋鼠，會從接骨木樹叢中謹慎地跳出來；艾伯會啞著嗓子試幾聲「啊隆！」為夜間演唱會暖身；還可以清楚聽見北極熊劈里啪啦地往水池裡跳。

離開以前，我的最後一項工作是巡視全區，確定一切正常。袋鼠安靜地四散在草地上進食，在隨著遊客撤離而突然籠罩的靜寂中怡然自得；母老虎若妮很高興地看著我把籠門打開，因為牠住的那片水泥虎穴此刻已變得陰冷，肉墊踩起來很不舒服；牠的兒子保羅，早已躺在自己用乾草鋪的床上；更遠處，山丘的另一頭，狸緊緊蜷成一團，擠在牠們小小的木屋裡；隔壁的北極狐則在矮樹叢裡倏忽鑽動，彷彿許多蒼白的影子；步道前方的袋鼠驚慌地一哄而散，一蹦一跳地撞進矮叢裡；三隻獅子躺在池邊的長草原上，躲在自己鬃毛裡的艾伯一如往常陷入冥想，身邊睡著大胃鼓鼓的南與姬兒；到處都看得到袋鼠，搖搖晃晃穿過草地，拖著沉重的長尾巴；成群的喜鵲聚集在樹梢上呱噪。另一對老虎炯與伴侶在籠內打瞌睡，周圍的矮叢卻被袋鼠撥弄得嘎嘎作響；袋鼠、袋鼠、到處都是袋鼠，你可以聽見牠們用和兔子一樣的利齒在接骨木雜樹林裡撕扯樹皮……確定一切無恙之後，我會想著每逢值夜班時貝利太太必定會替我準備超級豐盛的晚餐，然後慢慢步出動物園，一路上總有撿不完的空瓶和三明治包裝紙。

第三章

威武的老虎

A Triumph of Tigers

人們將發現老虎值得費盡心思及投資。

——希萊爾・貝洛克《老虎》(Hilaire Belloc, *The Tiger*)

清晨剛灑下的陽光幾乎沒有熱度，只為樹葉和草地鍍上了一層脆金，你可以看見及聽見動物園在那片澄明的光中慢慢甦醒。晨霧如絲如縷纏繞接骨木轇轕的樹枝，投下交錯的陰影，一群群袋鼠正坐在陰影間的靜謐晨光中，圓滾的身體軟綿綿的，毛皮上沾滿露珠；迴盪在牧場上的是緩緩拖曳絢爛長尾、穿越松林的孔雀清晰尖銳的叫聲：「噢……噢！」；當你經過的時候，斑馬會揚起頭，從鼻孔中對著你噴出幾柱水蒸氣，然後緊張兮兮地在濕草地上騰躍幾步；轉入通往獅子區的碎石步道後，北極熊會從鐵欄杆之間伸出不斷掀動的大黑鼻子，充滿期待地用力嗅聞夾在你腋下新鮮麵包的香味。傑斯與喬會繼續往小屋的方向走，我進入虎穴。鐵門鏗鏘作響，在水泥地窖四周的牆壁間不斷迴盪，陪伴我開啟每天的第一件工作。

優雅的保羅與獨特的「虎哼」

老虎們醒來後，張開粉紅色、充滿霧氣的大嘴，打著呵欠迎接我，躺在牠們用黃色乾草鋪成、不斷嘎嘎作響的豪華床鋪，先站起來伸一個極端優雅、弓背豎尾、顫抖鼻子的長長懶腰，再慢條斯理地穿過自己的房間，從門上的鐵條後方盯住我。我們有四隻老虎，這個地穴裡住了一對母子，保羅與若妮。但保羅對母親毫無感情，所以牠們必須分別住在不同的房間，輪流放進虎穴中舒展筋骨。早晨我的第一件工作，就是放若妮到虎穴中；我將沉重的門朝一旁拉開，等牠緩緩走進陽光下，再把門關上，然後回頭花上五分鐘餵保羅吃已切成條狀的碎肉。

保羅是四隻老虎中體型最大、也最漂亮的一隻，牠的動作是如此慵懶而完美，性情是如此溫和，簡直教人無法相信牠是若妮的兒子。牠總是不急不徐、寂靜無聲地移動四隻針墊似的巨大腳掌；若妮移動時也不會發出聲響，但動作常顯得緊張、突兀，彷彿不安地暗示著牠隨時都可能會偷襲你。我非常確定若妮把每天的閒暇全花在設計一個如何殺死我們的完美計畫上，牠的性格中凶殘的一面，從那眨也不眨的綠眼睛中洩露了出來。保羅則是以一種沉靜的尊嚴，極為溫柔地從我手中取肉吃；牠的母親卻總是凶惡地將肉囫圇吞下，只要給牠機會，很可能連人手一起扯掉。餵保羅的時候，你會覺得即使把手伸向牠，牠也看不上眼，根本不會理睬。即使這個想法是錯的，還是令人安心。

每天早晨保羅和我進行對話時，總表現得像我的父執輩，我必須不斷提醒自己，才不致忘記牠也可以變得極端危險。牠會把巨大的頭歪靠在鐵欄上，讓我搔牠的耳朵，一邊發出咕嚕咕嚕的響亮喉音，像隻巨大的家貓，完全不符合一般人心目中嗜血老虎的形象。牠會紆尊降貴地接受我給牠的禮物，吃完肉之後就躺下來舔舐腳掌，讓我在牠面前心醉地凝視牠。在這麼近的距離下欣賞牠，令我神魂顛倒。牠華美的身體每一寸都如此勻稱，而牠的動作又是如此流暢而優雅；牠的頭非常巨大，兩耳之間距離極寬，下巴周圍的鬓襟狀毛捲曲得恰到好處，呈現出最淡最淡的番紅花色；橫張在油亮毛皮上的虎紋宛如黑色的火焰，但或許牠最美的部位是那對眼睛：好大好大的一對杏眼，斜斜鑲在臉上，彷彿兩顆被海水沖刷過的翠綠卵石。

我與保羅的晨間對話通常會被傑斯打斷，他總想知道我從其他工作區拿回來的鏟子擺在哪裡。每天早晨我都用還鏟子作藉口，跑去和老虎廝磨一陣。這個工具對傑斯的日常工作不可或缺，他會拎著鏟子消失在樹叢中，進行每天清晨的腸胃淨化任務，這件事不做，一整天的工作都無法進行。

等傑斯與大自然溝通完畢，我們便開始打掃虎穴。首先得將若妮再關回房間，然後拿起刷子和水桶開始刷洗水泥地，並收集前一天晚餐吃剩的骨頭，之後再將保羅與若妮輪流放出來，方便我們清理牠們的房間，重新鋪床。等到牠們被放回房間後，都會立刻做一件很奇怪的事：直接走到床前嗅聞一番，然後站在床的正中央，開始用腳掌揉按乾草，做這個動作的時候耳朵往後貼，眼睛半閉，彷彿在作夢，又像在沉思。然後再猛地站起來，對準乾淨的新床正中央灑上一大泡尿。尿完後才能放鬆，讓剩下的晨間時光在打瞌睡中度過，偶爾舔舔腳掌，沉重地打個大呵欠。我想一定是因為當牠們回到鋪好乾淨木屑與乾草新床的房間時，發現原本自己強烈的體味被灑在牆上與地上的消毒劑蓋過，便想（若有機會，還包括訪客）證明這個空間確實屬於自己的地盤。於是將騷尿噴灑在乾草上，等同豎起了一面旗幟，做完這件事才能安心下來悠閒等候吃飯時間。

清完虎穴後，我們三人回到「安憩園」吃點心，在陰暗的室內各自往自己嘰嘎亂響的椅子坐下，充滿興味地檢查別人的點心袋。傑斯會用一隻大紅手握住三明治，有條不紊、卻完全缺乏興致地緩慢咀嚼；喬吃東西時則像狂風掃落葉，嘴裡塞得滿滿的，還一邊興奮地和我聊天，不時突然爆出幾聲奇怪的沙啞笑聲：「嘻嘻嘻！」——喬是所有我認識的人當中笑聲真的和這個字發音一模一樣的人！傑斯從頭到尾都保持沉默，吃完點心後，便目光空洞地凝望窗外，開始咂嘴。過一會兒，再以爬蟲動物般的慢動作點燃菸斗，就著菸嘴用力吸、吮、吐口水泡泡，發出吱吱的聲響。喬和我則繼續討論天氣、釣魚、如何剝兔子皮，或是比較貼在喬後方牆壁的海報上三位金髮女孩的各項優點。休息完了，我們起身走出小屋，去完成工作清單上的下一個項目，也就是清掃北極熊籠。「安憩園」外接骨木纏成一團的樹叢裡，總停著幾隻喜鵲，在我們接近時疑神疑鬼地開始咯咯叫，喬會大喝一聲，嚇得鳥兒一轟而散，彷彿好幾枝從樹葉間射出來的黑白箭矢。

肉都在早上送來：一大塊一大塊淌著血、塗有綠色染劑記號註明不宜人食的肉。午後兩點半到三點這段時間，我們忙著分切肉塊，堆在桶子裡，同時決定該把可口的點心（像是心或肝）給哪一頭動物吃。三點整，餵食時間正式開始。

我們總是從地勢最低、位於該區盡頭的虎谷開始（我們叫牠們「底下的老虎」）。那裡有一座和獅籠一樣大、長滿轇轕矮叢的大籠子，和保羅及若妮毫無血緣關係的炯和莫琳娜就住在裡面。我們總是兩人結伴提著肉桶走過去，總會有一群小鬼頭不知從哪裡鑽出來，當中夾雜著幾個大人，跟在我們屁股後面。孩子會圍著我們蹦蹦跳跳，不斷興奮尖叫、發問、相互推擠，想看清楚桶內的生肉。

「哎喲！你看那些肉……艾夫……艾夫……你看那些肉！」

「先生，那個叉子是做什麼用的？」

「嗯，我敢說牠們一定吃不完！」

「先生，這是什麼肉？」

「約翰親愛的，別擋了管理員的路……約翰，你聽到沒有？」

就這樣，我們抵達虎籠，炯與莫琳娜早已迫不及待地在鐵欄後滑溜著步伐等著。

我一直覺得餵這兩隻老虎比餵保羅和牠媽有趣許多。餵保羅牠們時，我們只把肉直接拋進虎穴裡；可是餵底下的老虎時，過程便親密許多。我們先用叉子叉起肉塊，接著把較細的那一端（通常都是膝關節骨頭）塞進鐵欄裡。莫琳娜若想去咬它，具有完美紳士風度的炯會立刻對伴侶齜牙咆哮、甚至掌嘴。接著，炯會用嘴緊緊咬住骨頭，腳抵住石頭，背弓起來，肌肉一條一條浮出來，然後開始扯。看牠這樣展現力氣其實有點嚇人，因為那塊肉會被一寸一寸地慢慢扯進去，甚至把兩邊的鐵欄擠彎。炯把肉全部扯進去的瞬間會往後摔，然後再走回那一大塊肉旁邊，頭抬得高高的，大搖大擺穿過矮叢，將戰利品叼回池塘邊享用。

餵完炯與莫琳娜之後，我們得回頭去拿肉。再一次，大群圍觀者會尾隨在後，問一些餵老虎之後不可避免的傻問題。

「為什麼肉是生的？」

「如果你們把肉煮熟，牠們還會不會吃？」

「老虎身上為什麼會有斑紋？」

「如果你進牠們的籠子，牠們會不會咬你？」

問這類問題的通常都是大人，小孩子提出的問題就聰明多了。

雖然保羅是我的最愛，但我必須承認，炯與莫琳娜卻最引人注目。牠們在矮叢與樹林形成的綠色背景前移動，身上的顏色顯得更加鮮明。不過這一對脾氣都很壞，每次看牠們在剎那間從緩緩搖晃的懶惰動物，突然變成持續咆哮嘶吼的憤怒化身，總令我嘖嘖稱奇。

我還喜歡炯與牠伴侶的另一點，是牠們奇特的交談方式，彷彿在講悄悄話、咬耳朵。這時牠們發出的聲音與咆哮低吼大不相同，應可歸類為完全不同的一種語言；字彙幾乎全是從鼻子裡噴出來的各種哼聲——非常響亮、滿是鼻水泡泡、令鼻子顫抖的哼聲。這麼簡單的聲音，卻能如此變化萬千，而且表達出許多不同意思（至少在我的想像中），著實令人驚異。不過牠們只有在被誘入或放出陷阱時，才會以這種方式交談。

牠們有兩種截然不同的哼鼻子方法，每一種又可因情況不同而各自變化。第一種方法製造的聲音拖得很長、很響亮，有點像在喃喃抱怨；第二種哼聲則嚇人地刺耳，像在質詢。兩隻老虎你來我往，一隻發出一聲問題式的哼聲後，另一隻必然會應答似地哼一下。剛開始的時候，我只能分辨最基本的主題，即低聲抱怨及質詢兩種，仔細聽了一段時間後，我發現每個主題似乎都隨著發聲方式的不同而稍有變化，因此每一種哼聲都有不同的含意，與眾不同。頭一次聽牠們這樣對話時，我以為牠們只是在打噴嚏，後來我覺得牠們的確是在用某種最原始的方式與對方交談。我因為極端好奇，便花費許多時間成功模仿了幾種最簡單的哼聲，接著便去虎穴以保羅作為練習對象。保羅依照慣例踱到門邊來和我講話，我深深吸一口氣，發出一聲極宏亮、拉長的詢問哼聲，自認就連炯也不會比我哼得更好，本來希望保羅回答我，牠卻突然僵住，顯然吃了一驚，接著後退幾步。我又哼了一下，這次和前一聲一樣棒，而且沒浪費太多鼻水；我感覺自己表現愈來愈好，滿懷希望地盯著保羅。牠只直勾勾地看了我一眼，眼神裡充滿輕蔑，我立時脹紅了臉，然後牠一轉身，背對我逕自慢慢晃回床上。我想或許我應該多練習一陣子，再來找牠。

就在我勤奮學習虎語的這段時間，我認識了比利。那天我剛去看過獅子，正在回來的路上練習虎哼，在轉彎處熱血澎湃地用力哼了一聲，幾乎撞上一位又瘦又高的年輕人。他滿頭紅髮，圓圓的藍眼，朝天鼻，上唇與下巴密密麻麻長著蛋黃色的細毛。

「哈囉，」他朝我諂媚一笑，「你就是那個新來的傢伙？」

「對，」我說，「你是？」

他揮揮兩片風車葉似的手臂，吃吃傻笑了幾聲。

「我是比利，」他說，「喊我比利就好；每個人都喊我比利。」

「你在哪一區工作？」我問道，因為我從來沒見過他。

「噢，我到處跑，」比利有點滑頭地斜眼瞟我，「到處跑。」

我們無言對立了一會兒，比利像是剛發現一個新物種的博物學家，充滿興味地盯著我瞧。

「你感冒很嚴重哦？」他突然說。

「我沒有感冒啊。」我詫異地說。

「你有，」比利像在告發我，「我聽到你一路不停打噴嚏！」

「我不是打噴嚏，我是在哼！」

「噢，聽起來像在打噴嚏。」比利不滿地說。

「不是打噴嚏！我是在哼，我在練習，學老虎哼。」

比利睜大銅鈴眼瞪我。

「練習什麼？」

「老虎哼。老虎用這種方式交談，我在學。」

「你一定是個怪物，」比利很確定地說。「你怎麼可能用哼聲來交談？」

「老虎就這樣啊，哪天你應該仔細聽一下。」

比利又吃吃笑，「你喜歡在這裡工作嗎？」他問。

「嗯，非常喜歡。難道你不喜歡？」

他又滑頭地瞟了我一眼。

「喜歡。不過我的情況不同，我非待在這裡不可，」他說。

這時我心想：每個鄉村裡都有個傻瓜，今天就給我碰上了，他一定是惠普斯奈的傻瓜！

「嗯，我得走了。」

「待會兒見。」比利說。

「嗯，也許吧。」

他慢慢跨大步跑走，穿過接骨木樹叢，突然用極尖銳刺耳的聲音唱起歌來。

「我是流浪的吟遊詩人，衣衫襤褸的可憐人啊……」

回到「安憩園」，我發現喬正在自製一個釣魚用假蚊鉤。

「我剛碰到村裡的傻瓜了。」我說。

「村裡的傻瓜?誰啊?」

「我不知道，一個紅髮的高個子男孩，名叫比利。」

「傻瓜?」喬說。「他才不是傻瓜咧，你知道他是誰嗎?」

「不知道，」我好奇地問，「他是誰?」

「他是畢爾隊長的兒子。」喬說。

「我的老天!你不早點警告我。」我很快地把我和比利的對話在腦海裡回溯一遍，試著回想自己有沒有脫口而出特別無禮的話。

「他在哪裡工作?」我問，「哪一區?」

「他沒工作，」喬說。「到處晃來晃去……有時候幫點忙，礙手礙腳的時候反而多些，不過他是個好孩子。」

我很快就淡忘了與比利的邂逅，因為我忙著做更重要的事。母老虎莫琳娜發情了，我因此可以盡情觀察老虎的求偶行為。很幸運地，那天我正好休假，於是我整天都待在下面的虎籠外，找個好地點躲藏起來，不斷記筆記。

一大清早，炯就像條黃褐色的影子，肚皮貼地、可憐巴巴、飽受熱情折磨地尾隨伴侶。我站在樹叢裡，可以看見牠待在矮叢格子狀的陰影中，移動之間，側腹煜煜反射陽光。炯一直跟在伴侶身側後方，保持距離，因為稍早牠貼得太近，惹莫琳娜討厭，已在牠鼻子上留下三道深深的血痕。一夕之間，莫琳娜從一隻膽怯又順從的動物，搖身變成一頭滑溜危險的猛獸，果決而凶殘地對付炯任何操之過急的意圖。這項蛻變令炯非常困惑；突然角色互換，似乎令牠措手不及。

牠們在接骨木樹幹間悠來轉去，不久炯又被愛情沖昏了頭，接近莫琳娜，喉間發出咕嚕咕嚕的呻吟，眼睛被慾火蒙上一層薄霧；莫琳娜並沒有停下閒適的滑步，只掀起嘴唇，露出粉紅色的牙床和雪白的利齒。炯立刻停止呻吟，再度退回原來的位置。只見牠們繼續來回踱步，黃褐色的毛皮在矮叢中一片光影交錯裡閃爍。我不安地躲在蕁麻叢裡等待，深怕莫琳娜永遠不肯就範，也很佩服炯無止境的耐心。莫琳娜似乎很享受主宰伴侶的感覺，又緩步了半個鐘頭，炯的動作也隨著逐漸高漲的不耐情緒愈顯急躁。

然後，在我的注視下，莫琳娜的腳步變得愈來愈遲緩無力，牠的背往下凹，淡蜜色的腹部幾乎擦到地面，身體左右搖晃，眼神從剛才的疲憊與心神不寧，轉為如夢般神祕，就像平常老虎剛吃飽，陷入沉思與瞌睡的那種表情。莫琳娜極慵懶地、夢遊似地從林間走出來，晃到池塘邊那塊長而密的草地上，炯在林邊焦急地注視牠，雙眼彷彿兩片綠葉，凍結在凶猛的臉上。莫琳娜開始溫柔地發出喉音，尾巴末梢在草叢裡抽動，彷彿一隻巨大的黑蜜蜂。牠很文雅地打了個呵欠，露出粉紅色的口腔以及嘴唇旁如貝紋的黑邊。慢慢地，牠的身體開始放鬆，然後往旁邊一倒，側睡在草叢裡。炯很快貼近牠，發出詢問似的咕嚕聲，莫琳娜則以喉間一陣模糊的震動回應。牠很快跨騎在莫琳娜身上，背往上弓，腳掌沿著莫琳娜肋骨揉按探索，莫琳娜抬起頭，牠便以野蠻的柔情咬住莫琳娜彎曲的頸項，而莫琳娜似乎在牠底下融化了，變得愈來愈柔軟，直到幾乎完全隱沒在草堆中。然後牠倆並肩依偎躺著，在陽光下沉沉睡去。

炯還喜歡做一件事，我從來沒看過其他老虎這麼做，那就是舔舐肉塊；老虎的舌頭就像粗銼刀，你得親眼看見才會相信。有一次我們把炯關在陷阱裡餵牠，我因此能夠隔著一呎的近距離觀察牠用餐。牠先輕輕咬掉肉塊上所有的碎屑，然後用兩隻腳掌夾住肉塊，開始舔紅肉的平滑表面。長長的舌頭彎曲拖行，發出如同砂紙慢慢磨過木頭的聲響，被牠銼刀似的舌頭一舔，肉像被刮爛了一般，本來平滑的表面變得極粗糙，一顆顆一簇簇地突起，彷彿地毯上的毛球。牠這麼舔了十分鐘左右，居然「舔」掉厚達半寸的肉。有這麼厲害的舌頭，我看老虎吃東西根本用不著牙齒。

研究炯與莫琳娜的生活習性時，唯一的缺點是牠們籠內有很大一片植物叢生的區域，因此若想持續觀察非常困難，不過正因為牠們生活的方式很自然，也可能最值得觀察；但你永遠不可能確定保羅或若妮的習慣有哪些是自然的、有哪些是為了適應水泥洞穴而發明的。洗澡是個好例子。我從來沒看過炯或莫琳娜進入水池中，也沒見過保羅這麼做，可是每逢大熱天，若妮一定會鑽進池裡，讓自己帶著虎紋的身體完全浸在清涼的水中，只露出頭部及尾巴末梢；有時一躺就躺個半小時，一副羞怯又大膽的模樣，偶爾還扭動尾巴尖，把水濺到自己臉上。然而這個最不像老虎的舉動，通常也引來遊客最多的評語及揣測。

「艾格妮絲，快來看這隻浸在水裡的老虎。」
「噢！好可愛哦！」
「不知道牠為什麼要這樣？」
「不曉得，大概口渴。」
「那幹嘛躺在水裡？」
「不曉得，大概生病了。」
「少蠢了，柏特。」
「也許牠是隻水老虎，特別種的，嗯？」
「可能哦。牠好可愛哦。」
「丟給牠一點麵包吃，柏特。」
一大塊麵包正好扔在若妮頭上，牠抬起頭咆哮一聲。
「牠不吃！」
「那丟花生給牠試試看。」
這段對話看起來匪夷所思，卻不是我想像出來的，而是我現場抄錄的，還有證人。若妮懶洋洋躺在水裡的景象，刺激了偉大的英國民眾，提出各種不可思議的理論。遊客會圍在鐵欄邊，聚精會神地俯視牠，就算路上發生車禍也不可能受到這般的矚目。

到惠普斯奈工作之前，我一直沒有意識到一般人對於動物常識的無知程度，但人們卻認定園內的管理員應該無所不知；老虎生下來的時候身上就有條紋嗎？如果你進獅籠，牠們會不會咬你？為什麼老虎有條紋，獅子沒有？為什麼獅子有鬃毛，老虎沒有？如果你進虎籠，牠們會不會咬你？為什麼北極熊是白色的？牠們是從哪裡來的？如果你進牠們的籠裡，牠們會不會咬你？這些、加上其他數不清的問題，每天都有人問，有時候同一天就會重複二、三十次。碰上生意興隆的日子，磨都會磨死人。

很多和我聊過天的遊客，發現我們並非每天都從獅爪或熊掌下死裡逃生，不僅大為吃驚，甚至有點失望。因為我身上沒有青灰色的疤痕可以炫耀，很多人便認定我是個冒牌貨。這些人更讓你覺得，如果要他們相信與動物共處基本上生活太平，那簡直是汙辱人。依照他們的看法，我的衣服應該被扯得稀爛，滿臉血汙卻仍不低頭，而我的每一天都應該充滿千鈞一髮的駭人經驗。現在回想起來，我覺得自己似乎浪費了大好的賺錢機會，早知道就該把外套割得一條條的，再在身上弄些血肉模糊的傷口，然後每隔半小時若無其事地從虎穴中踉蹌爬出來，嘆道：「那隻老虎的毛還真難梳！」搞不好我現在已經是大富翁了！

大致來說，遊客總給我們帶來很多麻煩，但有時候也帶來很多趣味。有兩件事我一直記得很清楚，頭一樁是個小男孩，在看我餵完老虎之後，圓睜著大眼走到我旁邊，細聲問我：「先生，你有沒有被那些畜生吃過？」另一樁也是個小男孩，滿臉通紅，興奮地從步道另一頭往虎穴這邊衝過來，匆匆往旁邊看了一眼，看見保羅在虎穴裡走來走去，便回頭對家人大叫：「媽！媽！快來看這隻斑馬！」

與比利邂逅幾天之後，我又碰到他。他坐在一輛生鏽的古董腳踏車上，顛顛簸簸、嘰嘰嘎嘎地騎在通往獅籠的步道上；而我才剛修剪完長到路邊的蕁麻叢，停下來抽一根救命的香菸。

「哈囉，」比利尖聲說，一邊用力扳起剎車，差點沒從把手上面飛出去。他張開兩根瘦伶伶的長腿，跨坐在單車上，傻不愣登地對我笑。

「哈囉。」我謹慎地說。

「你在幹嘛？」「剪蕁麻。」「我最討厭做這件事，」比利說。「每次都會被刺到，有時候偏偏刺到最經不起刺的地方。」「我也是。」我極有同感地說。

比利緊張兮兮地往左右瞥了一眼。「嘿！」

他彷彿在密謀似地對我耳語，「你身上有沒有香菸？」

「當然有。」我遞給他一根。

他很笨拙地點燃後用力吸了一口。

「你不會跟別人講吧，我不該抽菸的。」

「你要去哪裡？」我問他。

比利誤吞了一口菸，猛烈咳了一陣，把眼淚都咳出來了。

「抽菸真爽！」他嘶啞地說。「抽菸好像對你沒什麼好處。」我說。

「噢，可是我很喜歡。」

「呃……所以你要去哪裡？」我再問一次。

「我是來找你的。」他拿起菸對我揮揮，菸屁股已經被他的口水浸得軟趴趴往下垂。

「哦，」我說，「你找我幹嘛？」

「爹地要你今晚來家裡喝杯酒。」

我不敢置信地瞪著他。「你爸爸，要『我』去喝一杯？」我極感興趣地問。

又吸了滿肺泡菸的比利再次因劇烈咳嗽而一陣痙攣，只能猛點頭，紅髮前後亂晃。

「你沒搞錯？」

「他為什麼要找我去喝一杯？」我困惑地問。

「他覺得……」比利一時喘不過氣來，「他覺得也許我可以跟你學學。」

「我的老天，」我說，「我一點都不希望別人學我。何況你怎麼能學我呢，我才給你一根菸抽，你根本不該抽菸。」

「別跟任何人說……」比利沙啞地說，「祕密。我們六點半見。」他一邊咳嗽喘氣，一邊嘰嘰嘎嘎消失在矮樹叢後。

於是當晚六點鐘，我穿上唯一一條像樣的褲子，打了領帶，穿上外套，來到動物園內行政區最後面一棟的畢爾宅邸。雖然我早已聽同事說過畢爾隊長是強盜臉孔菩薩心腸，但心裡仍免不了忐忑不安，畢竟他是動物園的最高主管，而我是地位最低賤的小實習生。

替我開門的是畢爾太太，她迷人而俊俏，整個人氣定神閒。

「請進，」她對我甜甜一笑，「我可以叫你傑瑞吧？比利一直叫你傑瑞。到客廳裡來坐……隊長也在裡面。」她領我走進一間寬敞舒適的客廳，房間裡擺了一張異常巨大的椅子，畢爾隊長龐大的身軀就懶洋洋陷在裡面，幾乎全被「晚報」的版面遮住，從報紙下不斷傳出輕微的轟隆聲響，彷彿印尼的喀拉喀托火山正蓄勢待發，報紙也隨著隊長的鼾聲起伏劈里啪啦、嘎嘎作響。

「我的老天！」畢爾太太說，「對不起，他睡著了。威廉！威廉！傑瑞・杜瑞爾來了。」

椅子裡發出幾輛貨車相撞的一連串巨響，只見隊長像浮出水面的大海怪一般，從報紙底下探頭出來。

「嗯咳……」他清清嗓子，把眼鏡扶正，然後像隻貓頭鷹似地瞪著我。「杜瑞爾，呃？杜瑞爾？幸會幸會！不！歡迎歡迎！」

他站起來，散落一地的報紙，彷彿一株巨大的橡樹灑落一地秋葉。

「葛萊蒂絲，」他吠道，「給這小夥子一杯酒，別讓他光站著！」

畢爾太太對這道霸氣的命令充耳不聞。

「請坐，」她微笑地說。「你想喝什麼？」

那時大戰剛結束，烈酒好比黃金一般珍貴，我雖然很想喝一杯威士忌蘇打，好壯壯膽和隊長談話，卻知道提出這樣的要求極不禮貌。

「我只要喝瓶啤酒就好，謝謝。」我說。

畢爾太太走去替我拿啤酒，隊長沉重地走到壁爐前，開始很用力地戳起爐火，顯然希望說服它打起精神。好幾大段灼熱的木柴轟然坍落，滾到壁爐前的地上，原本的一點火焰也跟著熄滅了，隊長極不滿意地把火鉗往地上一扔。

「葛萊蒂絲！」他大吼，「爐火熄了！」

「你不要去戳它嘛，親愛的，」畢爾太太說，「你又不是不知道每次你一弄，火就會熄掉。」

隊長往大椅子裡一倒，座墊裡的彈簧立刻嘰嘎大聲抗議。

「媽的難喝死了，這些戰時的啤酒。你不覺得嗎，杜瑞爾？」他看著畢爾太太遞給我的杯子評論道。

「不要說髒話，親愛的。」畢爾太太說。

「媽的真難喝！」隊長叛逆地重複一遍，瞪著我，「你同不同意，杜瑞爾？」

「戰前我不喝啤酒，所以我無從比較。」我說。

「一點啤酒花都沒放，」隊長說，「記住我的話，一點啤酒花都沒放！」

就在那個時候，比利大步慢跑進來，彷彿一隻關節脫臼的長頸鹿。

「哈囉，」他又傻不愣登地咧嘴對我笑。「你來啦？」

「你去哪裡了？」隊長吼道。

「和莫莉出去，」比利揮著長手臂說。「啦！啦！啦！她是我的女朋友了！」

「哈！」隊長滿意地說，「跟女孩子出去啊？這才對嘛！你對女孩子行不行，杜瑞爾？」

「還可以吧。」我很謹慎地回答，心裡不確定畢爾隊長到底是什麼意思。

隊長往左右偷瞄了一下，確定畢爾太太不在房內之後，從椅子裡坐起來，身體往前傾。

「以前我也交過不少女朋友！」他壓低聲音說，「當然那是在我遇見葛萊蒂絲以前啦。嗯！……等你到西非海岸走過一趟，也會需要個好女人！」

「你在非洲待很久嗎？」我問。

「二十五年哦……二十五年！黑人都愛死我了。」他一點都不害臊地自誇道。「當然囉，我一向公平對待他們；他們很感激這一點。都叫我『比利叔叔』。」

比利為了只有他自己才知道的理由，突然爆出一串神經質的傻笑。

「比利叔叔！」他噴著口水說。「真難想像有人會叫你比利叔叔！」

「有什麼奇怪的？」隊長咆哮，「那是熱情的表示，他們尊敬我，我告訴你。」

「我可不可以喝一杯啤酒？」比利問。

「只能喝一杯，」隊長喝道，「你還太小，不能喝酒。告訴他他現在還太小，不能喝酒，杜瑞爾。太小，不能喝酒，不能抽煙，不能好色！」

比利把臉皺成一團，對我眨了眨眼，走出去找他的啤酒。
「你和斑馬相處如何？」畢爾隊長突然問我。
這話題來得如此唐突，害我幾乎把啤酒都灑了。
「嗯……我看過那些斑馬，」我說，「不過我現在在獅子區。」
「噢，隊長說，你被安排到那裡去啊？嗯，那你跟獅子相處的如何？」
「很好，我想。」我謹慎地回答。
「那好，」隊長說完便決定結束這個話題，「你喜歡吃咖哩嗎？」
「嗯……喜歡，我喜歡。」
「很辣的咖哩？」隊長狐疑地看我。
「對，我奶奶做的咖哩都很辣。」
「那很好，」隊長滿意地說，「哪天來我們家吃飯……星期四！我來做咖哩。我從來不讓葛萊蒂絲做……她做的永遠不夠辣……給娘娘腔吃的。要辣出一身汗才過癮。」
「謝謝你的邀請，先生。」

「葛萊蒂絲！」畢爾隊長大叫一聲，震得牆壁都在晃。「杜瑞爾星期四來吃晚餐，我來做咖哩。」

「好，親愛的，」畢爾太太走進來說，「你七點鐘來，傑瑞。」

「謝謝你們的邀請。」我又重複一遍。

「好極了，」隊長站起來說，「那就說定囉，星期四？」

第四章

戲水的北極熊

A Plash of Polars

被阻擋的母熊便以利牙利爪對付農夫。

——吉卜林《雌性物種》（Rudyard Kipling, *The Female of Species*）

對遊客來說，獅子區內真正的明星其實是北極熊貝布絲與山姆。「只要看過那兩隻北極熊，」傑斯會這麼對遊客說，「這地方值得看的東西就算全看過了。」遊客們樂於想像凶殘威猛的獅子老虎所能帶給他們的顫慄感，可是一旦親眼看到，很快就會失去興趣；但對北極熊卻百看不厭，因為熊會逗他們笑。你必須花很長的時間觀察獅子和老虎，才可能窺探牠們私生活裡有趣的細節，然而大部分遊客沒時間盯著打瞌睡的動物看上幾小時，只希望瞥見幾個表現原始熱情或大自然奇蹟的動作，作為耐心等待的補償。北極熊就不同了；北極熊隨時都在表演，圍觀遊客一站數小時也不厭倦。山姆會站在籠內某個角落裡輕輕左右晃動，不然就像狗似地四腳岔開躺在水泥地上，用鄙夷的眼光瞥向遊客；牠的妻子貝布絲卻會為了池裡的碎麵包或碎餅乾跳水、游泳，不然就把長鼻子伸出鐵欄，張大嘴巴，等著人們把點心丟進去。

貝布絲與山姆的長相南轅北轍，即使一眼溜過，也能分辨。山姆非常龐大、全身毛茸茸，還有個圓滾滾的大屁股；牠的伴侶則苗條玲瓏。山姆的頭顱極寬，耳朵小而尖，口鼻部上方隆起一大塊肉（典型的羅馬鼻！），要不是那對深藏在白毛裡、閃著幽默的小眼睛，這塊凸肉一定會使牠顯得狡猾又陰險。貝布絲的頭則是既長又窄，彷彿一根冰柱端置在彎曲的項背上；牠的表情的確有點狡猾，眼白還帶點黃暈，看來像個一夜狂歡後宿醉的女人，不太討人喜歡。年紀較大的山姆，生活步調安靜遲緩，總像個心不在焉的溫和老人，沉重地繞著籠子打轉；若只需要跨一步，牠絕不會走兩步，平常什麼事也不做，只在太陽底下睡大覺。貝布絲正好相反，沒一刻閒著；若非漫無目標地練習華爾茲舞步，便蹲伏在鐵欄邊用手撈仰慕者留給牠的碎餅乾或有趣的碎紙片，不然就跳到綠水池裡拍水玩。

餵食的時候，貝布絲會走到鐵欄邊張開長滿黃彎牙的大嘴，讓傑斯把一塊塊的肉丟進去；山姆絕不會做那麼丟臉的事，牠會用那兩片像手一樣的奇妙嘴唇，小心把肉接過去，然後丟在地上先檢查一番，如果看到肥肉，便用大腳掌抵住，然後用門牙很文雅地把肥肉扯下來，下巴喀啦喀啦響、嘴皮猛地咀嚼起來。每逢吃飯時間，貝布絲一定會表演精采的游泳秀，但牠從來沒法說服山姆加入。牠最喜歡不停大叫大笑的熱情觀眾，一受到鼓舞，表現更臻出神入化；欄外有沒有人對山姆來說卻毫無差別，牠根本不在乎。

不論天氣如何，貝布絲必定將半天時間泡在水池裡，把綠色的池水拍濺得到處濕淋淋一片。有時牠會腹部朝上躺在水裡，一躺幾分鐘，聚精會神地檢查自己的手掌，大部分時間則用狗爬式四腳踢水來回游個不停，每次游到池邊，翻個背，兩隻後腳用力一蹬，再把自己推送出去，頸肩處攪起一堆水泡；山姆呢，我前面說過，對任何人事物都漠不關心（肉桶除外），貝布絲一碰到仰慕的觀眾立刻活了起來，在水池裡上下不停，像位上了年紀的三流啞劇[5]女伶，眉來眼去、故作淘氣狀地控制全場。牠會為了追逐麵包屑，用肚皮打水在池中前進，濺起大片水花，擊中正在睡覺的山姆，逼得牠不得不一臉嫌惡地移往更清靜的角落裡去。

奇怪的是，山姆似乎並不喜歡水，就連有人把食物丟進水裡，也不願下池，寧可站在池邊水泥地上伸長手掌去撈，若是撈不到，就會放棄。不過有兩次，我看到牠進入池中與太太玩耍，那可真是值得一看的好戲。貝布絲獨自在池中的時候，總是漠然地演出全套戲碼，表情專注，彷彿極端厭惡自己正在做的事，卻又下定決心，無論如何也要演下去；我看過牠唯一顯得樂在其中的時候，便是當山姆也下水時，那也是山姆唯一顯得可愛又有幽默感的時候。山姆會坐在及腰的水裡，溫柔地擁抱及輕咬妻子，眼中閃著溫和的光芒。但貝布絲有時候會得意忘形，用力過度地回咬，逼得山姆不得不使勁劈牠的頭。牠們玩水中躲迷藏的方式很簡單，先一口咬住對方脖子周圍鬆弛的皮膚，然後拖著伴侶一起沉到水底，巨大的屁股浮在水面上，彷彿白色的針墊，前半身則在綠色的水底快活忘我地互咬互拍，就這樣在水裡躺上很長一段時間，再突然冒出水面，用嘴鼻嘶嘶吐氣，水面也因為牠們的白色毛皮變成亮晃晃一片。

無論你給貝布絲什麼玩具，牠都會童心未泯地盡情玩很久；任何東西都可以——一個舊輪胎、一段木頭、一堆草或一根骨頭。不過牠比較喜歡能夠在水裡玩、而且不會太快沉到水底的東西。有一天早上清掃完畢，我把水桶忘在籠內，一直等到把熊從陷阱裡放出來之後，我們才發現，當然那時再想去拿，為時已晚。我們本想再把牠們誘入陷阱一次，好取出水桶，但牠倆不理不睬。山姆在確定水桶裡已經沒肉可吃之後，便調頭離去；調皮的貝布絲卻視水桶為天賜的禮物，特別送來

5 編注：Pantomine，起源於古印度、古埃及的表演藝術，後傳入歐洲。一種無聲表演，只用肢體動作和表情的戲劇類型。

紓解牢獄生活的單調與乏味。牠在假石之間追逐它、用巨掌敲擊它，桶子在水泥地上磨擦，不時發出令人血液凝固的刺耳噪音，顯然令牠大樂。終於，水桶鏗鏘地滾進池裡，歪歪浮在水上，貝布絲站在池邊，本想用手掌去撈，但桶子已漂遠，便跳進水裡去追，所造成的小型海嘯將水桶注滿了水，桶子便慢慢沉到綠色的池底。毫不氣餒的貝布絲頭下腳上往池底摸索，過了兩分鐘之後，牠手挽著水桶把手浮出水面，像透了一位擠牛奶的女工。好不容易找回來的寶貝，牠可不想再輕易搞丟，便把水桶穩穩放在自己的肚皮上，平躺在水上，充滿愛意地用大手掌拍它，並不時高舉桶子，朝它包覆馬口鐵、不斷發出迴音的內部用力嗅聞一番。

過了一陣子，牠開始分心，結果桶子又在一團泡沫中沉入水底。牠再一次潛水去找，這一次像戴頂帽子似地頂著桶子浮出水面，把手就扣在下巴底下，把喬逗得差點沒笑岔氣。牠費了好一番工夫才把桶子摘下來，讓我們在旁邊也捏了把冷汗，牠因此覺得這桶子得好好教訓一頓，便啣著桶子把手爬出水池，將桶子摜在水泥地上，然後像做實驗似地、全神貫注地把一隻手掌放在水桶邊上，開始慢慢往下壓。就這麼簡單輕鬆的一個動作，卻讓水桶像被打樁機夾住一般，側邊慢慢被壓扁，桶底則像冒出一個水泡似地鼓凸出來。斃了水桶之後，貝布絲對它也喪失興趣，晃進池裡安靜游牠的泳去了。

貝布絲的前腳趾之間會定期長一種膿腫，每次一長就令我們很擔心，因為要等很久膿包才會裂開，而且牠會很痛。喬會弓著背倚著鐵欄杆看牠一跛一跛繞著籠子走，臉上充滿哀愁。

「可憐的老傢伙，」他會輕聲地說，「可憐的老女孩。」

我們什麼忙都幫不上，只能袖手旁觀，看牠痛苦地繞圈子，直到膿包自動脹裂，在牠白爪子上抹上一道黃膿為止；這整個過程需要兩天時間。貝布絲在腳掌腫的時候，絕不會下池去，不過一等膿包脹裂，甚至膿還沒流完，已經又跳進水裡了。

有一次，膿包沒有依照慣例在第二天破掉，第三天早上牠的腳掌還腫得非常厲害，而且我們注意到連肘關節之間的那一段腳也跟著腫了起來，這下子事態嚴重，得採取行動。我們先把牠誘進陷阱裡，將消炎鎮靜藥丸搗碎，塞在肉裡餵牠吃，然後在「安憩園」的黑爐上燒一桶開水，攙入消毒劑。我們計畫藉溫蒸法促使膿包破裂，貝布絲卻並不熱中參與這項科學實驗。陷阱很長，每次我們提著冒蒸氣的水桶走到這一頭，貝布絲便會趕緊一拐一拐地跳到另一頭去。最後，我們用上兩塊木板、三根叉子和一把鏟子之後，終於把牠箝制在角落裡。牠坐下來，像個火車頭似地不停嘶吼，不斷發出警告的咆哮聲。我們往貝布絲腫脹的腳掌上潑灑水，牠立刻將腳抬高，又氣又痛地嘶吼，同時企圖衝破木板與叉子搭起的防線；幸好這道防線很穩固。我們又潑了一些水在牠腳掌上，這一次牠只輕微抱怨了幾聲。慢慢地，牠在毛皮被熱水浸潤之後安靜下來，最後終於倒地闔上眼睛。結果那桶熱水還沒用完，膿包就破了，在水泥地上流了一條小溪般的膿血，貝布絲則如釋重負地長嘆一口氣。我們又用了兩桶水才清理乾淨牠腳掌上那顆一先令銅板大小的傷口。半小時後，我們放牠出來，一分鐘後牠已經在水池裡滾來滾去打水玩，彷彿什麼事都沒發生似的。

在照顧貝布絲與山姆之前，我從來不認為北極熊是速度很快的動物，所以當我目睹貝布絲展現如老虎般的矯捷身手時，自然大吃一驚。不過只有當牠煩不勝煩，想取人性命時，才會表現這種超速度感。山姆向來慢條斯理，而且好像從來不會氣過頭，就算不高興，也只會掀起嘴唇嘶吼一聲，發出警告；而貝布絲從來不發出警告，而且不需要任何理由，隨時可能發動攻擊。牠第一次示範給我看的時候，是因為那天早上牠不知為何心情特別惡劣，我們把牠誘進陷阱裡好清掃籠內時，牠不斷吼叫，等我們放牠出來，牠還在繼續咕噥抱怨，不時對著靠得太近的山姆咆哮。後來我不小心踢翻了水桶，牠正在籠內的另一頭，桶子翻倒的聲響讓牠找到出氣的焦點，只見牠猛然一轉身，在盛怒中像個大雪球似地朝我衝過來，只躍了四步就滾到阻隔在我倆中間的鐵欄旁。牠在一瞬間就跑了這麼長的一段距離，還將一隻足以劈死人的大腳掌伸出鐵欄，我只來得及往後退一步。

沒打中我令牠失望，牠兀自嘶吼了一陣，一搖一晃地走到太陽底下生悶氣去了。

經過那次事件，我應該要學到教訓，但我沒有；隔不了多久貝布絲又逮住一個機會。北極熊的籠子和鐵欄杆之間有一段距離，體恤的遊客總會在那裡留下各種糖果紙、香菸盒、紙袋等垃圾，我們總得把那塊區域撿乾淨。有一天下午輪到我去執行這項任務，看見貝布絲正在園場另一端睡覺，便選了一個離牠最遠的角落，翻過鐵欄杆，開始工作，後來一專心，便忘了注意熊。我才剛彎下腰去撿一張紙，只聽見身後傳來一道巨響和一聲嘶吼，接著屁股就被重重打了一下，整個人像隻掠飛中的燕子往前飛出去，一頭栽在惡臭的草地裡。我翻個身，回頭看見貝布絲撐直兩隻後腿坐在地上，正得意洋洋地瞄向我。令我最訝異的是，熊籠的鐵欄距離很密，貝布絲能伸出鐵欄的部分，只有腳趾和長爪而已；即使接觸範圍這麼小，牠都能將我擊飛。我一邊輕輕揉著屁股，一邊想像若中間沒有隔著鐵欄被貝布絲打這麼一巴掌的後果。牠的眼神告訴我，只要我願意，牠很樂意示範給我看。

幾乎每隔一天，傑斯便如同受到感召般向遊客發表一段有關博物史的簡單演說，內容千篇一律，好比照本宣科。因為重複率如此之高，有幾段已成為園內廣為流傳的軼事。其中最有名的，當屬他談到北極熊的說詞，所有管理員幾乎人人琅琅上口、倒背如流。山姆有個習慣（很多熊都有這個習慣），即所謂的「搖擺」；牠會在一個地方站定，像個鐘擺似地不斷搖頭晃腦，眼神空洞地凝望著遙遠的地平線，有時長達一小時。遊客們看見一頭白色巨獸做出這麼奇怪的動作，總會興奮地大驚小怪，然後總有一、兩個被誤導程度比其他人更嚴重的傢伙，跑來找管理員尋求解答，這時傑斯就會以驚人的速度突然出現在這群好學人士的身邊。等經歷到這種神奇心電感應的遊客終於恢復冷靜之後，便會提出問題：為什麼熊要這樣左右搖擺呢？

「這個嘛，」傑斯會很誠懇地正視他們，「說來話長，而且我也不能確定這個說法是對還是錯……」

這裡要停頓一下，儘管語氣是如此謙遜，但傑斯已讓人感覺他永遠都是對的。遊客會獻上一根菸，傑斯隨即靠在欄杆上，徐徐噴出菸來。

「這就是所謂的『搖擺』，」他會若有所思地繼續說下去：「大象也經常這樣，沒人知道為什麼，各有各的說法。我想，這個原因哪……」

講到這裡他會深深吸一口氣，極富韻律感地咂咂嘴，製造一點懸疑氣氛。

「我想你們也知道，北極熊來自南極，那裡到處冰天雪地。牠們吃海豹，我相信牠們就是靠著這種搖擺動作來捕海豹。牠們會站在浮冰邊上開始搖擺，懂吧？海豹伸出頭來看，然後……嗯！……北極熊已經逮住牠了。我認為這是一種催眠術，把海豹給迷住，懂吧？」

最奇怪的是，我聽傑斯重複這段說詞不下百遍，卻從來沒見到任何人反問他那大象搖擺是不是也為了捕海豹呢？而且也從來沒人懷疑北極熊是否真的來自南極。

總之，傑斯每次發表演說之後，都可以賺到一先令。

貝布絲的「假生產」事件

貝布絲和山姆是一對很有意思的動物，觀察牠們的生活習慣與性格一段時間之後，我變得很喜歡牠們。或許有關北極熊最有趣的插曲，是貝布絲的「假生產」事件。不過那件事只有事後回想時覺得好笑，當時可一點都不好笑。

那天工作完畢，我坐在「安憩園」裡在火爐上烤麵包，剛巡視完全區的喬面帶憂慮地出現在門口。

「嘿，」他極其神祕地說，「你快出來看。」

我很不情願地放下熱麵包，隨著他走到熊籠旁邊，但放眼望去，只覺得一切正常。

「喬，哪裡不對勁？」我問。

「難道你沒看見？」
我再一次環視籠內。
「我沒看見……怎麼了？」
「牠在『流血』！」喬像在演舞臺劇般地對我沙啞耳語，還偷偷往左右瞄了兩眼，彷彿在確認有沒有人偷聽。
「誰在流血？」
「當然是貝布絲，不然還有誰？」
我看看貝布絲，牠正在鐵欄裡巡邏，後腳上有一片很淡很淡的乾涸血跡。
「噢，我看到了，在牠後腳上。」
「噓！」喬大為緊張地制止我，「你這麼大聲別人會聽見！」
距離我們最近的遊客在兩百碼以外。我在前面說過，喬對這類事情特別敏感。
「你看呢？」我問。「牠是不是自己割傷的？」
「跟我來。」喬回答。
他把我帶回「安憩園」，我們關上門開始運籌帷幄。

「我想牠快要生小熊了。」喬堅決地說。

「可是牠肚子一點都不大啊！」我懷疑。

「毛這麼厚，你看不清楚的。」喬陰沉地說，彷彿貝布絲瞞著他幹了不可告人的事。

「那我們該怎麼辦？如果牠真的生小熊，肯定會被老山姆吃掉。」

「我們得把牠關進陷阱裡。」喬用拿破崙一世的口氣說。

這件事說來容易，要做卻很難，因為那天貝布絲已經被關過一次，牠不認為應該再進陷阱裡去；山姆卻以為陷阱裡還有東西可吃，鑽進去一屁股坐定了不肯走，害我們費好大的工夫才把牠趕出去。最後，喬不得不待在籠子的另一頭，不斷拿碎肥肉餵山姆，說服牠留在那裡，好讓我在這頭試著把貝布絲誘進陷阱裡去。半個小時之後，我們終於如願以償，貝布絲安全地待在陷阱裡，陷阱外的老公則坐在自己的肥屁股上饒富興味地看好戲。

「現在我們得替牠鋪個床。」喬說。

「用乾草？」我建議。

「對，去地下室拿捆乾草來。」

等我抱著乾草回來，喬又一副憂心忡忡的樣子。

「牠口渴了，」他說，「坐在裡面太熱了，牠沒有遮蔭的地方，不能把牠留在這裡。」

「我們可以在陷阱頂上鋪個東西。」我建議。

我們回「安憩園」搜尋一陣之後，找到一扇舊門，費了很大的工夫，才把它抬起來蓋在陷阱上。貝布絲的確有了遮蔽，卻也被我們折騰得更加煩躁，不斷凶猛地亂吼；山姆則定定地坐在原地，兩隻巨掌緊抱著肚皮，聚精會神地看著我們。

「好了！」喬擦去臉上的汗說，「現在來鋪草。」

山姆決定在這個時候積極介入。每次我們從一頭把乾草塞進陷阱內，牠便立刻把那束乾草從另一頭的鐵欄間勾出去，仔細檢查一番，不知認為那是食物還是自己的後代。我們想盡辦法阻止牠：對牠吼叫、用鏟子猛敲鐵欄、朝牠丟肥肉……統統無效。

「老蠢蛋！」喬說。

我們兩人又熱又累，山姆坐在一大堆乾草上，牠的太太身旁卻只剩幾根小草。

「沒辦法，喬，牠不會罷手的。看來貝布絲要在水泥地上生小熊了。」

「嗯，」喬可憐地說，「我看也只好這樣了。」

於是我們留下在乾草堆裡踱來踱去的山姆，和被關在陷阱裡火冒三丈的貝布絲。到了黃昏動物園關門時，貝布絲仍無分娩的跡象，我們只得讓牠繼續待在陷阱裡，各自回家。

晚上我掛念著貝布絲，突然靈光一閃，想到整件事最自然的一個理由——貝布絲是在發情嘛！想通後我差點沒笑死。隔天早晨我一看到喬，就知道他也想通了。

「他媽的我們為什麼早沒想到？」他恨恨地說著，「真是一對笨蛋，嗯？」

不過他馬上就發現這件事悲劇的一面。我倆邊笑邊走到北極熊欄旁時，喬突然不笑了。

「草都去哪裡了？」他不敢置信地問。

除了山姆的厚毛上黏了幾根草之外，整片水泥地一乾二淨，彷彿有人掃過似的。

「噢……」喬突然痛苦地哀號，「你看水池！……噢，那個老混蛋！」

池裡塞滿了草，幾乎看不見水，想必山姆忙了一夜，將草全移往安全地帶。當然，排水管因此完全被堵塞——再沒有比泡濕的乾草更能徹底堵塞排水管的東西了。我們花了整整兩天才將水池及排水管內的草清乾淨，那兩天天氣湊巧相當炎熱，就連老天都來幫倒忙。

「生小熊！」喬最後的結論是：「下次牠想生小熊，媽的請跟別的熊一樣在穴裡生吧！」

我在獅子區工作幾週之後，有一天早晨，傑斯出其不意地讓我「升等」了。當時我們坐在「安憩園」裡，剛吃完早餐，傑斯小心翼翼、慢條斯理地點好菸斗，嘰哩咕嚕猛吭了一陣之後，便像隻大蜥蜴般目不轉睛地瞪著我。

「你表現不錯，小子，」他說。「令人滿意。」

「謝謝。」我有點驚訝地說。

「這樣吧，小子，」傑斯用菸斗管戳戳我，「我把前半區都交給你，讓你全權負責，如何？」

我真是受寵若驚又高興；和其他人合作照顧動物雖然有意思，但能夠全權負責、規畫一批動物卻更令人興奮。

我立刻爬到獅子區頂端，巡視自己的王國。不太大的白堊石穴裡住著袋熊彼得，儘管每天我都恭敬地在牠獸欄裡留下麵包、胡蘿蔔和其他點心，卻從來無緣見面。牠在白骨般慘白的白墨岩層內挖了許多地道，堅決抵制社交活動，我決定盡快設法與牠建立起親密關係。不遠處覆滿接骨木樹叢的籠裡則住了五隻北極狐，同樣地，我除了把食物倒進籠裡之外，也沒有任何進展；這群狐狸生性緊張，需要付出很多時間及精神，才能贏得牠們的友誼。再下來那個獸欄也長滿了樹及矮叢，住戶是長相古怪、毛茸茸的狸，牠們的臉很像狐狸，尾巴及身體披著厚得像熊毛的毛皮，短而彎的O型腿，走起路來像一個個醉酒的水手。

我仔細巡視自己的地盤，想找出可以改進的地方。我首先選定北極狐與狸，牠們的籠內植物都長得太茂密，幾乎看不到動物，於是拿著鋸子和鐮刀，花了兩個鐘頭，辛苦而快樂地剷除蕁麻叢及修剪接骨木樹叢。收工後，兩個獸欄看起來的確體面多了，現在遊客可以看到動物；動物若想躲起來，欄內也保留有足夠的矮叢供牠們躲藏。

接下來我設法找出這三種動物最喜歡的食物，後來發現北極狐熱愛蛋；這個發現純屬偶然。那天我撿到一個從巢裡掉出來、幾乎沒有裂痕的黑鶇鳥蛋，便將蛋放在口袋裡，本來想給山姆，看牠吃不吃。當我經過北極狐籠時，牠們因為聽到食物桶的聲音，來到籠門附近跳來跳去，我乾脆把蛋丟進鐵絲網裡餵牠們，結果蛋掉在地上碎了，蛋黃沒破，但蛋白流了一地。其中一隻狐小心翼翼地走過去，透過一叢顫抖的鬍鬚湊近去聞，其他幾隻也陸續跟進。一秒鐘後，每隻都聞到蛋味，一場大戰於焉開始；最精采的一點是：牠們的打鬥完全無聲。忙著舔蛋黃的那隻後腿被咬了一口，立刻轉身齜牙裂嘴，將對方翻倒在地；另兩隻則圍著蛋摔破的地方，用嘴和爪互咬互拍；第五隻手腕最高明，牠很快鑽進戰場，幾乎同時咬和舔，然後立刻退出戰場，坐下來仔細舔自己的嘴唇，舔乾淨後再衝進去。很快地，所有蛋的痕跡都被舔得一乾二淨，五隻狐狸各自躺下來舔自己的嘴唇，並充滿希望地嗅聞彼此的鼻子。我走下步道，牠們跟著我，圓睜菊花般的棕色眼眸，盼望另一顆蛋從桶中出現。從此，我就經常到附近朋友的農場裡撿雞蛋給我的狐狸吃，結果牠們很快就變得很馴，每次我進籠清掃時，不再無聲而神經質地貼著籠欄繞圈子。

這群狐狸幾乎完全沒有聲音，令我有點迷惑。我用「幾乎」這兩個字，是因為我曾經聽過牠們的聲音，不過只有那麼一次，那聲音是如此奇特而優美，令我渴望能夠再次聽到——動物很難得會給人這種感覺。有一天早晨我在接近擋住狐欄的松林時，突然聽到一種彷彿由一群海鷗發出的尖銳咻咻聲，當時樹上沒有鳥，那聲音也不像是我剛經過的狸所發出來的。它持續高低起伏著，有時彷彿近在眼前，有時又像是風飄送來的遙遠迴音。等我走到狐欄外時，才驚訝地發現這奇異的歌聲竟是牠們唱出來的；五隻狐狸圍成一圈，細細的腿往外岔開，金色的眼眸動也不動，嘴巴張開，頭往後仰，斷斷續續地唱著鳥鳴般的荒野之歌。狐狸除了對食物感興趣之外，並沒有特別突出的行動，我始終不懂這美麗的合唱所為何來。

我後來讀到一段發生於一八七五年的北極探險經歷，其中寫到北極狐會將死旅鼠藏在岩石縫隙中，為漫長而食物匱乏的極地黑夜儲糧，於是我焦急地想看看我的狐理是否也會這麼做。不過直到當時，他們都沒有任何藏肉的跡象，我很確定這一點，因為我曾仔細搜過盤結的接骨木樹根之間及枯葉底下。可是一等天氣轉冷，有天早晨我就在一堆半掩的枯葉下找到一塊肉；那塊肉還很新鮮，接著我又找到了五塊肉，都很巧妙地藏在籠內各處，但有些已經腐爛發紫了。為了衛生起見，我不得不收走這些肉，可是狐狸仍鍥而不舍地繼續儲藏，直到天氣回暖為止。

和貍交朋友就容易多了，因為他們全是天生的貪吃鬼。那隻老的母貍雖然到後來願意從我手中拿食物吃，卻從來不許我放肆；牠的女兒就不同了，我發現只要有食物可以暫時填補牠腹中的空虛，牠就對人類充滿愛意。我不知道牠本來叫什麼，反正最後演變成「瓦布子」；很快地，只要一站在鐵絲網旁叫牠的名字，牠會搖搖擺擺地從矮叢中走出來，亮晶晶的眼睛在機伶的小臉上閃爍。想到牠只是為了我手中的肉，而不是為了見我才興沖沖跑來，不禁有點無趣，不過牠似乎怕傷我的心，總會在吃完肉後多停留一分鐘。

乍看之下，牠很像獾，臉上有黑白紋，走起路來也同樣地呈波浪形擺動，可是牠的體型比貛大很多，而且毛茸茸的尾巴幾乎和身體一樣大。我剛才說過，牠的臉上有黑白兩色的條紋，但身體、腿和尾巴卻由深棕、泛紅和灰色的毛覆蓋。毛的質地如絲一般滑順又長，據說在貍的原產地日本，用牠們的皮製成的衣服非常珍貴，而且肉也算珍饈；不過我覺得瓦布子太可愛了，不該被剝皮吃掉。

貍在野地裡是夜行性動物，瓦布子的父母的確如此，若非以巨量食物賄賂，絕不可能在白天出現；但瓦布子不同，牠隨時待命，在矮叢間搖擺穿梭，等待任何人帶著食物出現。你可以說牠是「為吃而活」，而非「為活而吃」。這對我而言是項優點，要不是牠對食物著了魔般的迷戀，我不可能經常和牠促膝長談，也不可能就近觀察牠。瓦布子視所有進貢為理所當然，我雖樂意給予，卻總對牠奇佳的胃口感到憂心，因為牠的肚圍幾乎快要超越身長了。

只有一次，瓦布子恩將仇報，咬了餵牠的手——不，餵牠的腳，那隻腳就是我的腳！不過錯完全在我。那天我帶領一小群遊客去籠前看牠，透過鐵絲網餵了牠一陣之後，決定變化節目，進籠去抱起牠，就近檢查；我要再三聲明，這個異常舉動跟我的觀眾群中一位極漂亮的女孩完全無關。我進去的時候，瓦布子狐疑地看我，牠知道我每天早晨要進牠的籠清掃一次，但是一天進去兩次，即使是牠也會產生戒心。牠迅速從我手上接過最後一塊肉，而帶出神忘我的表情朝我走過來，等確定我不打算閃開還牠清靜，便走到我旁邊，下巴一揚，在我小腿上留下齒印分明的訪問紀錄；然後站在我的腳邊，挑釁地抬頭看我。我知道牠並沒有惡意，只是我擋了牠的路，牠要明白告訴我，牠想過去；那是牠的籠子，牠給我很清楚的「暗示」，牠要讓我知道誰才是籠子的真正主人。

我已經沒有多餘的肉可以賄賂牠，籠外又圍著一批人——我的觀眾，不可能撤退，但我倆也不能一直這樣大眼瞪小眼地對峙下去。我絕望地在口袋裡摸索了一陣，鬆了好大一口氣摸出一顆髒兮兮的陳年蜜棗，是我那天早晨從店家裡摸來吃剩的。有了這顆意外禮物立刻穩操勝算，我知道瓦布子會讓我為所欲為，因為蜜棗正是牠最無法抗拒的點心。只見牠喜悅萬分地接過去，我趁著牠專心享用之際，一把抱起牠走到鐵絲網前，小心地讓自己的臉和牠的嘴保持安全距離，一邊向觀眾們解釋牠之所以表現得這般反社交，是因為當週身體微恙，並露出適度羞怯的表情，強調這個漫天大謊，搞得所有人都大為尷尬，只有我和瓦布子若無其事。幾位孩童立刻被父母帶開，免得聽見接下來不雅的說明。瓦布子奇重無比，我把牠放回地上，牠像隻狗似地甩甩毛，到處嗅聞一遍，期望再找到一顆蜜棗，確定無望之後，便斥責似地長嘆一口氣，搖擺離去。

冬天來臨時，瓦布子的毛變得非常厚，尾巴也比平時大上一倍，但牠一直沒有要冬眠的徵兆；這是該種動物在自然環境下與其他犬類最不同的地方。下雪時，牠的確會變得比較遲緩，而且顯然不願意離開自己的小屋，但除此之外並無異狀。我雖然找不到任何紀錄可以證實這種動物會築巢冬眠，但瓦布子曾經有過類似築巢的舉動。有一天早晨，我注意到牠在籠內矮叢附近忙進忙出，進籠後發現地上到處是新折斷的枝葉。我依照慣例奉上食物之後，便坐下來觀察牠好一段時間，牠終於突然停止踱步，開始折枝；先選一根牠搆得到的樹枝，用嘴咬住，再四腳抵著地，開始用力扯。等終於扯斷之後，就拎著樹枝在籠內漫無目的地亂走，偶爾還被樹枝絆倒。走累了，就把樹枝扔在地上，再去找另一根樹枝來扯。我看著牠扯斷三根樹枝，以同樣的方式丟棄，然後進屋小睡去了；牠似乎很想完成某件事，卻總在最後一秒鐘忘了那是什麼事。我從來沒在牠的小屋裡發現樹枝，不過可能是因為小屋太小，而瓦布子太胖，裡面沒有多餘的空間容納。

雖然我成功地取得狸與北極狐的信任，袋熊彼得卻仍行蹤飄忽。試過各種食物之後，我發現牠也和瓦布子一樣，熱愛蜜棗。有一天我故意等到晚上才去餵牠，待我抵達牠的欄外，發現改變牠的生理時鐘果然奏效，牠正站在鐵絲網旁像隻找不到嬰兒房的玩具熊，一副迷失棄兒的模樣。彼得是隻長相極可愛的小動物，站起來大約一呎六吋高，身體像熊一樣圓而結實，後半身突然往下傾斜，腿粗而短，而且內八字，臉極像無尾熊，只不過無尾熊的眼睛很大，周圍有一圈毛，而彼得的眼睛卻很小，長得很近；不過牠的鼻子上也有和無尾熊一樣的一小塊蛋型裸露皮膚，稀疏長了些硬毛；眼睛也和無尾熊一樣黑而圓。我感覺這兩種動物最大的分別，在於牠們的表情；無尾熊看起來總是機警而充滿好奇（即使事實並非如此），彼得則常一副茫然又困惑的樣子——老實說，牠看起來就像頭才剛被磚頭猛敲了一記。牠的毛皮是很細緻的灰色，靠近肚腹處顏色更淡些，就像林鴿那種清冷的灰。令我訝異的是，我走進籠內後，牠不但沒有大驚小怪，反而直接走到我身邊，從我手中接過蜜棗吃，不過牠不讓我摸。等吃完自己的份後，就搖搖擺擺擠進白堊岩壁裡的穴道。

從那天以後，每天牠都會在吃飯時間走出來，從我手中接過食物，再消失在自己的穴道裡。

牠住的白堊石穴位在小丘的緩坡上，因此穴道出口面對著風雨吹來的方向，不過彼得演化出一個保持臥室乾燥的新奇方法。牠的穴道約四呎長，末端是個圓型的小空間，彼得會慢慢擠進去，然後用牠尺寸恰恰好的屁股堵住臥室洞口，就像一扇門似的。牠就這樣蹲著不動，讓風、雪、雨由穴道外往屁股吹，任由自己身體最不脆弱的部分承受嚴酷的天候，好讓穴道內一直保持溫暖乾燥。一旦牠用爪子捆住白堊岩壁，將自己「嵌牢」，就算一群大漢合力用鏟子也很難把牠撬開，因此牠這個動作有一舉兩得的效果：一來可抵擋惡劣天候；二來還能抵禦試圖鑽進穴道裡追捕牠的敵人，只露出毛茸茸、硬邦邦的屁股，什麼都奈何不了牠。

傑斯讓我「升等」的那天，正是我該去畢爾隊長家吃晚餐的日子。不用說，貝利太太對我升官的消息無動於衷，卻對我該穿什麼衣服去隊長家大為關心，簡直把那次邀約當作受召進白金漢宮一樣隆重。

「所以說，」我在下午茶時間得意地說，「我相信那些狐狸遲早會直接從我手中拿東西吃。」

「真想不到！」貝利太太聽而不聞地接腔，「我已經把你的藍襪子補好了，我決定讓你穿那件藍襯衫；和你眼睛顏色很配。」

「謝謝妳，」我說，「不過那隻袋熊可能比較難搞……」

「還有你的乾淨手帕在左邊抽屜裡，真可惜，你沒有藍色的手帕。」

「你不要管他嘛，」查理溫和地說，「他又不是去選美。」

「咦，話不是這麼說啊！查理．貝利你也知道，這是好機會耶。這孩子一定要體體面面地去，不說別的，如果我讓他像個吉普賽人蓬頭垢面地出門，人家會說得多難聽！別人會說我讓他住狗窩！說我白拿他的錢！他一個人來這裡，離開母親，離開家，離開所有可以指導他的人……現在就靠我們啦。你愛怎麼樣，隨便你查理．貝利，我可要讓這孩子乾乾淨淨地出門，別丟他自己和我們的臉。萬一畢爾隊長覺得……」

「小子，你說那隻袋熊怎麼樣？」查理轉過來，用背去挨罵。

終於，我洗完澡、刮了鬍子、刷了牙、穿好衣服，並且經過貝利太太嚴格檢驗之後，彷彿一名即將參與行軍旗敬禮分列式的護衛，被放出門來。

到了畢爾家門口，替我開門的仍是畢爾太太，看起來臉色蒼白，彷彿飽受騷擾；後來我發現只要隊長一下廚，她就是這副淒慘模樣。

「晚安，傑瑞，」她說，「真高興你能來。快進客廳去，比利和女孩們都在裡面，比利會幫你倒酒。」

室內瀰漫咖哩的香味，廚房傳來一聲巨響，彷彿一火車的銅鍋一起摔下斷崖一般。畢爾太太整張臉皺成一團。

「葛萊蒂絲！葛萊蒂絲！」畢爾隊長在廚房門口大吼，聽起來彷彿正在及腰的破碗盤裡掙扎。

「葛萊蒂絲！」

「怎麼啦……威廉？」畢爾太太回應。

「鹽巴呢？該死的鹽巴在哪裡？為什麼每次我下廚你們都要亂擺東西？鹽巴在哪裡！」

「來了，親愛的。」畢爾太太投給我一個受苦受難的眼光。「你先進客廳，傑瑞，我一會兒就來。」

我在客廳裡看到比利的妹妹蘿拉，以及兩位在二戰初期逃出歐洲、寄居在畢爾隊長家、圓圓胖胖的猶太女孩。我進去的時候比利正把啤酒倒進杯子裡。

「哈囉，來喝一杯吧。」他咧嘴笑著說，「爸在燒菜——你聽到沒？」

「聽到了，」我說，「聞起來很香。」

我們坐在客廳裡斷斷續續聊著天，廚房內不斷傳出畢爾隊長活動的進展，聲響可媲美十五世紀士兵披戴全副甲鎧的大戰役，而且不時突刺出一陣拖長的撞擊和震盪聲，讓你想像十六位騎士同時跌下馬的景象，然後便會聽到隊長的聲音。

「芫荽！不、不，是那個咖啡色的罐子！現在放……辣椒。辣椒呢？噢……好……我才沒放在那裡咧！辣不辣？太辣？妳什麼意思，太辣？當然不會太辣……媽的一點都不辣！我沒有講粗話！再加芫荽！妳看妳搞的……飯都要滿出來了！」

終於，隊長與畢爾太太現身了。她仍是一副飽受騷擾的模樣，隊長則赤紅著臉，滿頭大汗，帶著剛剛打死一個特別邪惡、特別頑強的敵人，正氣凜然、志得意滿的表情。

「哦，杜瑞爾，」他跟我打招呼，「我剛在廚房燒菜。」

「他都聽見了。」比利說。

「聞起來好香。」我趕快說。

「不差、不差，」隊長彷彿口極渴地猛灌啤酒說，「這次我放得很辣。咖哩就像女人，杜瑞爾，有些很溫和，有些辣得很……看不出來的……除非等到你……呃……呃……嗯……」

「威廉，親愛的！」畢爾太太硬把他的話壓下去。「來，女孩們，我們去擺餐桌。」

餐具擺好後，眾人魚貫走入餐廳坐下。第一道菜上桌，每人一大碗咖哩肉湯，顏色就和一場病毒帶原的黃疸大傳染病一樣黃，辣味則辣得讓你奇怪自己的舌頭怎麼沒著火。

畢爾隊長從口袋裡掏出一方極大的紅手帕，蓋在自己的禿頭上，手帕邊緣幾乎垂到了眼皮，讓他看起來活像一名特別凶殘的海盜。

「你不要這樣好不好，威廉，」畢爾太太說，「人家傑瑞會怎麼想！」

「想？想？」隊長從手帕下面往外怒視。「他會覺得我他媽的經驗老道！這樣可以吸汗……以前在西海岸都是這樣……以前都用毛巾，知道吧，杜瑞爾。熱帶的高溫，再加上吃咖哩，痛快地出它一身大汗……汗流狹背！黃昏的時候坐在外面……喝它一杯粉紅色的琴酒……脫個精光坐在外面，吃它一碗咖哩，蓋條毛巾，痛快地出它一身汗！」

「威廉，親愛的！」

「當然有客人的時候是不會脫光的啦！」隊長急忙解釋，「不、不會，有客人的時候會穿條內褲。」

終於，喝完最後一口令唇舌麻痺的湯，隊長搖搖晃晃走進廚房裡，端出一只出奇巨大的砂鍋。

「靠配給肉根本沒辦法做出像樣的咖哩，」他抱怨，「所以你就包涵包涵，這是兔子肉。」

他掀開鍋蓋，一團帶著濃濃咖哩味的雲霧立刻籠罩整張餐桌，大家彷彿置身倫敦大霧中，一股強有力且詭譎的東方味道突然攫住你的喉嚨，再慢慢滲透、堆積在你的肺泡裡，全部的人都偷偷小聲咳嗽。那道咖哩的確可口極了，但我真的很慶幸自己來自一個專門吃辣的家庭，否則我的舌頭和聲帶鐵定當晚陣亡。吃了幾口之後，每個人的喉頭都開始萎縮扭曲，說起話來都語焉不詳，像快溺斃的人抓稻草一般拚命搶水瓶。

「不要喝水！」臉上汗如雨下、眼鏡起霧的隊長大吼，「喝水只會讓你覺得更辣！」

「我就說你放太辣了，威廉親愛的。」滿臉緋紅的畢爾太太輕斥道。

兩位猶太女孩發出無法辨讀的怪異中歐聲音，比利臉上的顏色變得跟他頭髮的顏色一模一樣，蘿拉一貫蒼白的臉也過度充血。

「胡說！」隊長用手帕從自己的頭、臉一直抹到脖子，再將襯衫釦子解開到腰間。「不會太辣！剛剛好，對不對，杜瑞爾？」

「嗯，我覺得還好，長官，不過我想有些人一定會覺得太辣。」

「荒唐！」隊長揮了揮像把鏟子的大手。「那些人都不知道哪些東西對身體有好處。」

「這麼辣怎麼可能會對身體有好處。」畢爾太太一邊噓水，一邊用脖子被人掐住的聲音說。

「當然有好處！」隊長火藥味十足地大吼，透過霧茫茫的鏡片虎瞪她。「大家都知道！這有醫學根據，吃辣咖哩對身體有好處！」

「哪能辣到這種程度，親愛的。」

「就要這麼辣！而且這根本不算辣……這根本是他媽的娘娘腔咖哩，我還可以做的更辣！」一想到隊長的能耐，全桌人都不自禁地打了一個寒顫。

「哎呀，以前在西非海岸……」隊長把一大匙咖哩往口裡塞，「我們吃的咖哩才叫辣，簡直像在吞紅炭！」

他得意地朝全桌一笑，又火速把頭臉整個抹一遍。

「這絕對不可能對身體有好處。」畢爾太太仍然堅持她的看法。

「就是，葛萊蒂絲！」隊長不耐煩地說。「妳想為什麼咖哩是在熱帶發明的？為了要燒死病菌啊！你想為什麼我從來沒得過腳氣病或熱帶莓疹，嗯？為什麼我從來沒感染痲瘋病，一點一點爛掉？」

「威廉親愛的！」

「是真的啊！」隊長野蠻地說。

「全是咖哩的功勞。上面進，下面出……把你整個人通一遍……燒灼一遍，知道吧？」

「威廉，拜託！」

「好，好！」隊長低聲抱怨，「我真不懂你們這些人，替你們做那麼好吃的道地咖哩，卻一副好像我想謀殺你們的樣子！如果你每天都吃一頓這樣的咖哩，包管你冬天不會感冒。」

我必須聲明，這一點我同意隊長的看法。一旦你的身體因為裝了咖哩而白熱化之後，你會感覺區區一點感冒病毒是毫無機會的。那天晚上當我經過漆黑的公有地，我感覺自己就像一顆彗星的尾巴，在身後留下一道閃閃發光的咖哩餘燼。顯然，隊長因為我完全能夠承受他做的咖哩而龍心大悅，從此，每個星期四我都按時去畢爾隊長家吃晚餐，度過許多愉快的夜晚。

第五章

跳舞的角馬羚

A Gallivant of Gnus

容忍粗俗的戲言，永遠別梳牠們的毛。

——貝洛克《壞孩子的野獸書》（Hilaire Belloc, *Bad Child's Book of Beasts*）

我在獅子區工作兩個月之後，有一天早晨菲爾・貝茲找我過去，表示要把我調到別區去。我很高興；並非我在獅子區不快樂，或是與傑斯和喬合作不愉快，但畢竟我來惠普斯奈的目的是想累積經驗，因此我參與的區愈多，學習的範圍愈廣。新區被稱作「熊區」，顧名思義，包括惠普斯奈動物園內所有餅乾色的大棕熊，以及一大片養了許多斑馬、數群角馬羚與羚羊的圍場，再加上一些狼及疣豬。

熊區的主管是一位名叫哈瑞・藍斯的結實小個子，斷過鼻梁，龍膽色的藍眼閃閃發光。第一天去報到的時候，他坐在斑馬屋後的小房間內，若有所思地往一只老舊大馬克杯裡啜著可可，同時一點一點地削一根榛樹枝。

「哈囉，小子！」他向我打招呼，「聽說你要來和我一起工作。」

「對，」我說，「我很高興被調來這一區，因為你有很多很棒的動物。」

「牠們是不錯，小子，」他說，「不過你可得小心。你在獅子區照顧那些動物，多半不必進籠裡去，可是來我們這一區，就得進籠跟動物混在一起，所以千萬不能大意。牠們看起來雖然挺溫馴的，不過會偷襲人哦。」

他伸出大拇指，對一匹靜靜站在畜舍內嚼一束秣草、身上黑白花紋亮麗得令人眼花的大胖公斑馬搖了搖。

「就拿牠來說吧，看起來像個小嬰兒一樣安靜，對不對？」

我仔細端詳那匹斑馬，覺得牠有點像隻過大、過重的驢子，被人用黑白兩色油漆塗過一遍，若想溜進那座畜舍，把馬鞍放在牠背上，應該只要一分鐘就夠了。

「你走過去試試看。」哈瑞說。

我走近牠，那匹斑馬立刻把頭轉過來，再把兩隻耳朵對準我；我再走近一點，牠張大兩池黑絲絨般的鼻孔，嗅聞我的氣味；我再移近一點，牠仍然沒動。

「牠看起來滿溫馴的。」我瞄了哈瑞一眼說。

就在我將視線移開的那一剎那，那匹公斑馬把臀部一收，邁開蹄子像發射機關槍似地，一股作氣衝到畜舍門口，張開大口隔著鐵欄想咬我，露出兩排又大又利的方形黃板牙。我猛然往後跳，被一個水桶絆倒在地上。哈瑞坐在椅子上，用一腳的腳趾纏住自己的另一隻腿，繼續削著樹枝，自顧自地無聲竊笑。

「懂我的意思了吧，小子？」他看著我爬起來說，「像個小嬰兒一樣安靜，其實卻是個大混蛋！」

依照慣例，頭幾天我都在學習每天的例行工作、不同動物的餵食時間，以及計算每一隻動物的食物分量。熊區最辛苦的工作，可能要算每週一次水牛畜舍的大掃除。我們的水牛群擁有一大片由高聳鐵棚圍繞的下坡草地，牠們會在那裡漫遊，但每天都會到小丘頂上的大矮棚進食。我們通常將食物倒進棚欄內，將麩皮、壓碎的亞麻子餅和燕麥分成幾堆，等水牛吃完後，再用叉子將成打的甜菜頭丟進棚欄內，水牛會熱情又沉重地追逐又跳又滾的甜菜頭，用牙齒深深咬住那些脆而圓的球根，發出劈柴般的聲響。分配燕麥和亞麻子餅的時候要小心，否則老一點的公牛就會搶其他牛的份來吃。我很快就學會了其中的竅門：先倒五、六堆，分量只要足夠讓公牛忙個四、五分鐘即可，然後跑遠一點再倒幾堆，讓母牛和小牛也可以安心吃，還不必擔心屁股被牴。

近距離觀察時，我覺得北美水牛可稱得上偶蹄動物中長相最威武的動物，厚實隆起的肩膀，覆滿濃密捲翹的鬃毛，前腳周圍長了一圈燈籠褲形狀的長毛，巨大的頭顱上戴著一頂微捲的假髮，從中叉出兩根維京海盜帽上的彎角，給人力大無窮的感覺。大多數情況下，這些水牛只是緩慢沉重地四處移動，但偶爾也會突然凶狠地互牴，彷彿鏖戰中的公羊，猛烈搖晃巨頭。我見識到牠們可怕速度的那一天，一輛運送甜菜頭的卡車從畜舍倒車出來，引擎逆燃，本來圍在柵欄外如一大團巧克力色堆積雲的水牛群，動作劃一，突然轉身，雷霆萬鈞地奔下小山丘的綠草地，所經之處，牛蹄重踏，深嵌土裡，踢起一堆白堊岩塊，彷彿一道巨大可怖的土石流，排山倒海而來；我真慶幸自己當時沒擋牠們的路。

所以，每次輪到清掃水牛畜舍的時候，我心裡總像有好幾個吊桶，七上八下。我們用叉子將乾草與牛糞一同叉起，堆在手推車裡，再推出畜舍；每次牛群中幾隻年長的公牛總會走過來（牠們對這場表演似乎百看不膩）站在畜舍沒牆的那一面，圍成一大排，極感興趣地盯著我們看，不時還極宏亮地發出故意拖長的噴鼻聲，讓人嚇一跳。有一天，其中一隻老公牛突然大搖大擺走進畜舍，來到我們身旁，我們倆工具一扔、飛奔出逃，幸好很快發現牠並無惡意，只是眼尖看見我們從草堆裡翻出一粒甜菜頭罷了。大聲嚼完後，牠又搖搖擺擺回到山坡上去了。

水牛群最喜歡在圍場南邊一塊山坡地上打滾，沉重的牛身將草地磨禿、裸露出幾大塊白堊岩，和綠草地形成強烈對比。打滾時間一到，年長的公牛魚貫緩緩步下山坡，貼著白堊岩，翻個身，後腿用力蹬，彷彿痙攣似地用背在地上蹭。從遠處看，牠們似乎想掙脫一面隱形的網。磨蹭之間，粗糙的白堊會扯掉似乎總令牠們不自在的鬆毛。接著牠們會痛快地搔上半小時的背，再匍匐爬起來，等待抽搐般的顫慄傳過腰窩與肚皮上柔軟的棕色皮膚，將白堊岩粒紛紛抖掉，再一搖一擺晃去吃草，前半身糾結的鬈毛上還掛著幾星白堊岩粒。

牠們似乎極度無法忍受冬天脫毛的過程。不管你往哪個方向看，都可以見到水牛靠在欄杆上或貼著多節瘤的山楂樹幹拚命蹭，眼睛半閉，一副欲仙欲死的模樣。我還發現牠們另一個去除肩部鬆毛的方法：擠成一堆的小黑刺李樹不僅是理想的搔背棒，而且它貼近地面密密糾纏的枝枒還可充作梳子，因為可以刮掉已經脫落的冬毛。你會看到水牛們很從容地輪流走到樹下，讓樹枝鉤住自己厚實的鬃毛，再讓棘刺與細枝將鬆毛扯下。春天裡，黑刺李樹因此看起來像結了許多奇怪的果子，枝幹上掛滿淡黃色的毛簇毛團，成為麻雀與黃鵐築巢的搶手貨。

歐洲人剛抵達北美洲時，水牛的數量原本多如繁星，數以百萬計，是地球上聚集陣容最龐大的陸生哺乳動物。水牛提供印第安人生活所需的一切：衣食住行，甚至包括針線這類的日常用品。印第安人向來只殺死能夠利用的水牛，對數不清的水牛族群並無影響。歐洲人一來，仗恃精良武器，改變一切。水牛遭集體屠殺，屍橫遍野，剛開始屍體還被充分利用，後來人們吃膩了水牛肉。往後人們繼續大量屠殺水牛只為兩個理由：一是割下牛舌作為珍饈；另外則是刻意執行的政策，因為白人認為既然印第安人如此需要水牛，那麼一旦水牛絕種了，印第安人必將滅種。

這時期出現了許多著名的職業水牛獵人，像是水牛比爾，他最高的紀錄是一天獵殺了兩百五十頭。隨著鐵路伸入大草原區，不僅阻斷了水牛的遷移路徑，而且人們還可從火車裡槍殺水牛，任屍體在野地裡腐爛，有些地方屍臭沖天，火車經過這片巨大的納骨堂，得關緊窗子。經過這般殘忍的大屠殺，難怪到了一八八九年時，水牛數量便從有史以來分布最廣的陸地哺乳動物，驟減到寥寥五百頭。到那個時候，才有一小群具保育觀念的人，為水牛即將永遠消失的前景感到駭然，開始採取行動。現在水牛存活的數目超過數千頭，不再受到滅種的威脅，然而人們卻再也不可能目睹到不計其數的水牛，彷彿黑色巨毯般覆蓋整片大草原，震撼人心的壯闊景象。

這一區的另一種動物——矮水牛（anoa）此時也正經歷和水牛一樣的命運。矮水牛是來自西里伯斯島的迷你黑水牛，體型非常嬌小，差不多和雪德蘭馬一樣小，卻是美洲水牛的近親；臉長長的，表情一本正經，眼神卻很熱情，黑色的毛摸起來很硬，而且在臀部分布不均勻，露出一塊塊淡紫粉紅色的皮膚，蹄小而尖，機警的耳朵很秀氣地往內捲，大約八吋長的角筆直且末端尖銳。我們養的那兩隻毫無攻擊性，總會過來用口鼻部舔掉我手中的麩皮，然後抬頭看我，臉上帶著殉難者的無辜神情。所以當我讀到牠們有時可能非常危險時，自然大吃一驚。因為體型小、速度快、動作靈活，再加上有一對尖角，牠們絕對不可小覷；也因為一經騷擾便有凶猛的反應，多年以來西里伯斯的島民一直不敢隨意招惹牠們。可惜隨著現代武器出現，尤其是每位獵人不可或缺的機關槍，矮水牛存活的數目也變得屈指可數，前途黯淡。

基本上，我覺得查普曼斑馬是非常乏味的動物。雖然在廣大圍場的草地襯托之下顯得亮麗搶眼，卻除了埋頭吃草和偶爾互相鬥嘴吵架之外，什麼事都不做。吵架時牠們的耳朵會往後貼，齜牙咧嘴，彼此威嚇；不過雄斑馬有志一同，都決心想殺人，因為牠們速度驚人，所以你得隨時保持警戒。

每天早晨，哈瑞和我做的第一件事，便是翻過斑馬圍場的柵欄，進去採集夜裡冒出來、質地如絲絨般被露水浸濕的新鮮白菇，然後哈瑞會用小煎鍋加點牛油炒熟，十一點休息時間偕我一起大啖菇餐。炒白菇縱然可口，採白菇卻得出生入死，面對兩匹充滿殺意的公斑馬。我們倆總是合作無間，手持草耙，一人彎腰採菇，另一人看守斑馬。有一天早上，我們的收成特別豐富，裝了滿滿半水桶，正在互相道賀，想像十一點鐘的大餐時，我彎下腰採一枚特別肥美的白菇時，聽到哈瑞大喝一聲。

「小子當心！那混帳來啦！」

我抬頭看見那匹公斑馬電掣風馳地朝我衝來，耳朵俯貼，嘴唇往上掀，露出黃牙。我丟下水桶，學哈瑞像隻野兔似地往前急竄。等我們氣喘吁吁、忍俊不止地翻過柵欄，那匹斑馬突然緊急剎車，停在水桶前虎瞪我們，憤慨地大噴鼻息；更令我們大為氣結的，牠冷不防轉身，奇準無比地將水桶踢飛起來，在空中畫了一道拋物線，將白菇全灑出來，彷彿一道彗星的尾巴。我們花了半個鐘頭，才把所有的菇都撿回來。

不過我很喜歡其中一隻斑馬；牠是隻獨行俠，屬於最大型的格氏斑馬，體型很像馬，頭型修長而優雅，雖然乍看之下頗像驢子，其實卻更像一匹阿拉伯種馬，口鼻部非常秀氣，如絲絨般柔軟；牠身上的斑紋很細，非常規律，就像用尺畫的；耳朵極大，彷彿兩朵馬蹄蓮。據我所知，這匹斑馬是全英國唯一的一匹格氏斑馬，除了牠的美麗與溫和性格，牠的珍稀也值得我多餵牠一份碎燕麥，讓牠用柔軟如白菇的嘴唇，輕輕從我手中啣走。

博物史上的奇蹟——來自中國的麋鹿

這一區的北邊，是一大塊由橡樹圍繞的如茵青草地，上面住著無疑是整個動物園內最珍奇的動物；一對麋鹿（Père David's deer）。牠們看起來遠不如住在不遠處的赤鹿或黇鹿優雅；以鹿的標準來說，甚至可以稱得上「其貌不揚」；肩高四呎，一本正經的長臉，往上吊的詭異杏眼，眼下還有個奇怪的開口——一個可以隨意志開闔的粉紅皮囊，既不知通往何處，也不知功能為何。牠們的身軀結實，有點像驢子，毛皮則是少見的橡實棕色，肚皮泛白，屁股上有塊心型皮膚。往上翹的杏眼，怪異的身體，長而黑的蹄，以及在鹿類中絕無僅有、驢尾般的穗狀尾巴，綜合以上結果，就像剛從一幅來路不明的中國古畫裡走出來的怪獸。

麋鹿的動作頗笨拙，完全缺乏鹿族的優雅。有時當我經過牠們的圍場，牠們會突然嚇一跳，倏地轉身面對我，四腳岔開，耳朵豎直，隨即驚惶萬狀地往圍場另一頭衝去，跑步的姿勢活像兩隻酩酊的驢子；腿似乎非常僵硬，整隻鹿因為比例過長的身體而左右晃盪。若把牠們拿來和別種鹿的優美姿態比較，會發現麋鹿其實更像驢子；牠們全身上下唯一保有鹿族優美線條的部位，只剩頭和頸子而已。

這種長相怪異的鹿，其發現及後來的存活故事，可謂博物史上的奇蹟。十九世紀中葉，一位方濟會的傳教士譚微道（Père David）去中國周遊傳教，他也和當時許多神職人員一樣，對博物史極感興趣；老實講，我懷疑他在中國蒐集到的珍貴標本，可能遠遠超出被他拯救的靈魂數目。像是第一個貓熊標本，就是他蒐集的。他到北京後，聽說御花園內有一群鹿（一種鹿）是全中國絕無僅有的。譚微道神父自然極感興趣，問題是，如何才能看到這種動物呢？牠們被關在門禁森嚴的御花園裡，由韃靼人看守，而且那個時候外國人在中國根本不受歡迎，所以譚神父必須小心行事。他後來甘冒下獄、甚至被處死的風險，足以證明他對博物史的熱忱。他首先賄賂一名看守御花園大門的韃靼警衛，讓他爬上牆頭，俯瞰整個花園，終於看到一群鹿在樹間吃草，那一刻他想必興奮得熱血沸騰，因為他知道自己看到的那群在一百碼距離外吃草的鹿，是一個非常特別且全新的鹿種。他立刻寫信回老家巴黎，向在自然博物館工作的米爾恩・愛德華茲博士描述自己的發現：

在北京南方三英里外，有一座廣袤的皇家獵場，方圓大約三十六平方英里。有史以來，鹿與羚便在園內平靜生活。沒有一位歐洲人能夠進入這個獵場，但在今年春天，我有幸在圍牆上目睹遠處一群數目超過一百隻、看起來很像麋的動物；很不幸，牠們並沒有長角。最令我驚訝的是牠長長的尾巴，我覺得頗像驢尾，據我所知，這在鹿科絕無僅有。同時牠又比北方麋體型來得小。我已想盡辦法，至今仍無法獲得這種動物的毛皮，就連不完整的標本也拿不到，法國大使館員透過非正式管道向中國政府索取這種奇怪的動物亦徒勞無功。幸好我認識幾位即將成為獵場守衛的韃靼士兵，確信經過賄賂之後，能夠取得數張毛皮，火速寄給你。中國人稱這種動物為「四不像」，意謂著牠們有四個奇怪的特徵：雄鹿的角、牛的蹄、駱駝的頸子、驢或騾的尾巴。

譚微道這時已下定決心要取得標本，但此事比登天還難。他知道進入皇家獵場盜獵是要被處死的重罪，但事實上韃靼守衛還是偶爾會偷偷殺鹿來吃，經過賄賂買通之後，守衛們答應將下一批被吃掉的鹿的鹿皮與頭骨留給他。不久，譚微道便將毛皮與頭骨運回巴黎自然博物館，證實牠們的確是全新的物種。科學家們為了紀念譚神父對東方博物史的重要貢獻，便將麋鹿的學名命名為「Elaphurus davidianus」。無庸置疑地，全歐洲各動物園及私人蒐藏家都渴望得到這種珍稀鹿類；中國人口中的「四不像」被稱為「珍稀」鹿類，的確當之無愧，因為當時被關在御花園裡的那一群，正是世上唯一存活的一群，而且牠們的原產地究竟在哪裡，仍是疑案一樁；這群動物彷彿是從皇帝的夏宮之內演化出來的。許多人相信，這種動物在野外已絕跡兩、三千年，根據出土的半化石遺骸，顯然曾經出沒於中國湖南地區。中國官方對於出口國寶一點都不焦急，經過漫長的協商之後，終於同意將數對麋鹿送往歐洲幾所動物園，一對送給當時貝福德公爵位在沃本的私人動物園。

不久，黃河氾濫潰堤，洪水衝破御花園圍牆數處，大部分的麋鹿都逃到鄰近鄉間，當然立即被飢民殺死，不過園內仍留下一小群。然而麋鹿的災厄不斷，緊接著義和團揭竿而起，韃靼守衛趁機把剩餘的鹿全吃光了，於是這個物種便在原產地徹底滅絕；全球僅剩的幾隻鹿，則零星散布在歐洲各地。

貝福德公爵不愧為睿智的保育先知，他知道若想拯救該物種，必須擴大在沃本動物園的麋鹿數量，於是逐步與擁有麋鹿的各動物園交涉，最後他的鹿群增加到十八隻，也就是全世界的總數。麋鹿住在沃本極理想的環境內，慢慢繁殖，直到我去惠普斯奈工作時，已增加至五百頭左右。接著，公爵覺得將麋鹿分送到各處的時機到了，因為把一個物種全部集中在同一地點，無疑冒著天大的風險，只要傳染病一爆發，如口蹄疫，將可一舉消滅世界上僅存的麋鹿。因此，公爵首先把一對麋鹿贈送給惠普斯奈，作為復育的核心。

我在熊區工作時，園方得到消息，公爵打算把幾對麋鹿分贈給幾家動物園，同時要再送一對給惠普斯奈。我們的任務是要接管所有在沃本生下來的新生小鹿，親手餵養，直到牠們長到可以安全遷往新家為止。用人工餵養主要是因為這種鹿生性極容易緊張，一受驚嚇（我從來沒碰過這麼容易驚嚇的動物），常會出現難以想像的愚蠢反應，比方說，會不斷用頭去撞石牆，想把牆撞破等。大家覺得若用人工餵養小鹿，牠們或許會習慣人類，將來長大了不會這麼容易驚惶失措。

當我聽說自己和另外一位叫比爾的男孩，被選中協助菲爾．貝茲親手餵養小鹿，我激動得不能自已。小鹿將養在兩間大畜舍裡，因為深夜及清晨都需要餵奶，因此比爾與我必須輪流夜宿靠近畜舍的林中小屋，以便隨時協助菲爾。偉大的日子終於來臨，我們乘坐卡車前往沃本。

沃本的園區是我看過最美的動物園——當然，這是在旋轉木馬與大批遊客現身、將它變成馬戲團之前。放眼望去，只見高聳入雲的大樹錯落有致，迤邐的青草地輕柔起伏，鹿群在其間緩緩移動，這幅美景令人永誌難忘，想必也會令以畫動物著名的蘭希爾（Edwin Landseer）大受打擊，泫然淚下。小鹿睜著好奇的大眼睛，一副吃驚的表情，被分別裝進布袋裡，只伸出一個頭來；這麼做是預防牠們在卡車行進之間想站起來或跑開，折斷細腿。我們把牠們抱到一層厚厚的乾草上，再在周圍塞滿乾草捆，作為護墊。然後比爾與我就位，坐在這片由小鹿頭形成的森林裡。卡車以每小時三十英里的速度，往惠普斯奈駛去，我們則仔細觀察小鹿，注意這段旅程是否對牠們造成任何影響。當卡車剛開始發動時，一、兩隻小鹿在布袋裡踢了幾下，不過很快就安靜下來，等我們抵達惠普斯奈時，有幾隻已經伸著火車常客百般無聊的臉龐睡著了。

我們抱著小鹿走進畜舍，割開布袋，每隻小鹿都以新生小鹿特有的跌跌撞撞、可憐兮兮的步伐，醉酒般地在馬廄裡搖晃踉蹌。這一刻，牠們好像終於發現少了點什麼，一隻隻開始繞圈子打轉，像山羊一樣咩咩叫，聲音拖得出奇地長而尖銳。比爾與我火速到山羊群（特別為小鹿來臨飼養的）中擠奶，將還在冒泡泡的新鮮熱奶倒入奶瓶中，同時迅速攙入必要的維他命滴劑及魚肝油，然後人手一奶瓶地走回畜舍。麞鹿的小鹿就跟任何動物的小寶寶一樣，很呆；第一次餵奶，菲爾、比爾和我的褲管摺邊及口袋裡裝滿了羊奶，眼睛與耳朵也不斷被濺到，浪費的羊奶比小鹿喝到的更多。小鹿很快就學會要吸吮奶頭才能喝到奶，可是牠們口部及腦部的協調仍然很差，而且我們還得隨時注意，別讓牠們把奶頭擠出嘴裡，對準我們的眼睛出其不意發射一道羊奶。不過，兩天之後牠們就得心應手了，同時認定菲爾、比爾與我，是三位一體的母親。小鹿總共八隻，我們將牠們分開，每間畜舍裡養四隻。可是隨著牠們慢慢長大，工作也愈發困難，因為一到吃奶時間牠們就像瘋了一樣，看到我們就齊聲發出震耳欲聾的尖叫，而且只要一打開畜舍門，立刻就會有一群鹿像洪水一樣衝過來。好幾次比爾和我一起被衝倒，倒地後還必須立刻往旁邊滾開，否則牠們會毫無知覺地在我們身上踩來踩去，而牠們長長的蹄子是非常尖銳的。

我想我就是在這個時候突然體悟到何謂「珍稀」；過去聽別人提起珍稀動物時，總覺得那是指在博物館蒐藏或動物園內少見的動物，但我從來沒有真正意識到動物總數稀少的問題。我想這是因為人們在描述某種動物很珍貴稀少時，經常帶著讚美的口氣，彷彿身為珍稀動物是件值得驕傲的事。但經過與四不像小鹿親密相處之後，珍稀動物突然對我來說出現了新的意義，我同時還發現世界上的珍稀動物種類竟然這麼多。我針對這個題目展開研究，整理出大量的資料；雖然當時不自知，其實我就是在以門外漢的方式嘗試編一本「國際自然保育聯盟」最近出版的「紅皮書」。我的研究結果令我駭然，許多動物的「總數量」少得嚇人，例如印度犀牛：二百五十；蘇門答臘犀牛：一百五十；婆羅洲犀牛：二十；森秧雞全球總數：七十二對；阿拉伯大羚羊遭獵槍及機關槍掃射後可能只剩下三十頭……這個名單似乎沒完沒了。就在那個時候，我領悟出動物園真正的功能；在人們設法保護這些動物野外族群的同時，另一個當務之急顯然必須在全世界廣設復育族群，點愈多愈好。就在那個時候，我的構想成型，決定若果真能擁有自己的動物園，它的主要功能便將執行這項工作——作為遭受蹂躪的動物的庇護所及儲備池。

每次輪到我守護小鹿，我總是花很多時間想這些問題。子夜裡，當小鹿飢渴地吸吮熱奶瓶，水汪汪的大眼睛在防風燈照射下熠熠生輝時，我總覺得無論從任何角度來看，這些動物都和我一樣有生存下去的權利。清晨五點起來餵牠們喝奶絕非苦差事，橡樹林在第一道蒼白的微曦中彷彿鳳尾綠咬鵑的尾巴一般金綠，樹葉覆蓋一層輕紗般的晨露，顯得朦朧飄忽，你穿過巨大的樹幹，朝圈養小鹿的畜舍走去，群鳥的歌聲就像綠色大教堂裡激越宏偉的謝恩大合唱。然後你打開畜舍的門，被你用愛心呵護的寶寶撞倒，牠們用口鼻拱你、對你吽吽叫、用長而溫濕的舌頭舔你。雖然全世界瀕危物種如此之多，令我消沉，但協助哺餵幼鹿讓我感覺自己至少盡了棉薄之力，不論那份貢獻是多麼地微不足道。

最快樂的舞者——白尾角馬羚

這一區最迷人的動物，毫無疑問，當屬白尾角馬羚。每一種角馬羚看起來都不太像羚羊，但白尾角馬羚更有一種如神話動物及紋章象徵的奇特神韻：頭鈍、口鼻部寬，彎曲如號角的角先往下蓋過眼睛、再繞行而上、末端收尖，牠們因此總是得從角下往外看，一副大近視的模樣；下巴有一綹白鬍子，另有一簇剛毛裝飾口鼻部上方；白色鬃毛很厚，彷彿一大片亂糟糟的穗飾和嫩枝；前腳之間長了一團毛，就像蘇格蘭男人在裙子上繫的毛皮袋。至於全身最漂亮的部位，就是那根絲一般的長尾，不時優雅舞弄，宛如東方舞者手中的絲帶。角馬羚除了外表奇特（彷彿由好幾種動物的身體部位拼湊而成），而且只要稍微受一點點刺激，就會做出非常奇怪的動作和姿勢。目睹這群呆頭呆腦的動物又跳又蹦、不停旋轉、噴鼻息、尾巴捲在背上，實在是我這輩子看過最滑稽的景象之一。

牠們的動作太複雜，因此很難歸類，只能說像是舞蹈病發作，而且病情嚴重；有時候又有點像某種土風舞，但稍嫌太激烈了些。我看過的土風舞，跳的人全是留著瀏海、戴長珠項鍊的風雅老太太，舞來和瘋狂搖滾的角馬羚截然不同。牠們的舞步還會令人想起芭蕾——活力充沛到讓你印象深刻的那種芭蕾，不過動作都太過前衛，就連最狂熱的芭蕾舞伶也不會輕易嘗試。這種舞蹈（或疾病）絕對值得觀賞：當帷幕升起，角馬羚擠成一堆面向你、皺著眉頭從亂糟糟如穗飾及樹枝般的毛髮下往外瞄，然後當中一位團員會帶頭發出響得嚇人的齁聲，彷彿在說：「女孩們，現在大家一起來！」全體團員便會應聲撐起無數根細腿試跳幾小步，再立定站好，幾乎動作一致地顫抖著腿，抽搖著尾巴；然後隊長再齁一聲，這次總會令全體隊員一起發狂，將芭蕾舞表演中最講求的整齊劃一拋諸腦後，盡情忘我地開始跺腳、磨蹄、捲尾巴、用角牴、用腿踢；每個動作都很可笑，而且角度完全不符合人體結構學。隊長不斷激動地齁齁發號施令——可惜沒人聽。然後，大家會很突然地一起停下來，從角底下非難地瞪你，一副對你失態大笑備感驚駭的神情。

正因為白尾角馬羚生性好奇，而且喜歡跳舞，才導致現今瀕臨滅絕的下場。歐洲人殖民南非的最早期，白尾角馬羚多不勝數，荷蘭人便開始趕盡殺絕。起先是為了取牠的肉，製成肉乾後可充作食物，不必宰殺寶貴的牛羊，其次也認為角馬羚早一天絕跡，放養家畜的土地就能早一日擴大。就這樣，在極短的時間內，本來在非洲數目最多的羚羊很快就變成數目最少的種類之一。因為有可愛的好奇心，整群角馬羚會站在獵人面前盯著他，接著相繼被擊斃；又因為牠們熱愛表演舞蹈，所以會在揮滿獵槍的篷車旁跳躍旋轉，不啻為最方便的靶子。如今，白尾角馬羚已不再是野生動物了，目前僅剩下兩千多頭被圈養在小型獵場及私人牧場上，還有約一百頭分散在全世界各動物園中。

每當我看著那群角馬羚在綠色草地上奔放地表演各種舞姿，總會想到今天的南非草原上，少了這群快樂瘋狂的舞者，是多麼地枯燥乏味。文明進步似乎總會摧毀快樂而充滿原創力的事物，讓一切變得平凡而陳腐，讓不斷咀嚼林草、乏味卻符合功利主義的母牛，代替這些歡愉騰躍的奇妙動物。

除了那一群白尾角馬羚之外，我們還養了一匹孤單的斑紋角馬（brindled gnu）布林尼。牠的體型和前者相似，但更厚實，而且毛呈淡淡的薑黃色，雜有巧克力色斑點，鬃毛和尾巴都是黑色。這隻動物比白尾角馬羚更瘋癲，跳起旋轉舞步更狂野、更誇張，而且時常從胸中隆隆轟出低沉的咆哮警示聲，彷彿發射機關槍一般。牠非常神經質，若受到驚嚇，隨時可能折斷腳或傷到自己，所以當我們聽到倫敦動物園替布林尼找到一位伴侶，需要將牠抓住運往倫敦時，哈瑞和我立刻感到十分焦慮。

「這件事很難辦，對不對，哈瑞？」我問。

「恐怕是哦，小子。」哈瑞攪拌著煎鍋裡滋滋作響的白菇。

「我們把牠關在哪裡呢？」我問，「好像沒有夠大的籠子吧？」

「沒有，」哈瑞說，「他們星期四會開卡車送個條板箱過來。我們把牠關進箱子裡，讓車載走。」

聽哈瑞講起來似乎很簡單。

週四天一亮，卡車就到了，載來一個高而窄的條板箱，我們得試著勸誘一隻極端緊張、活力充沛且身手矯捷的角馬羚走進箱內。那天早上我們已經放布林尼到草地上透了一會兒氣，我再用燕麥賄賂牠，領牠走回畜舍，現在安全關在其中一間裡。接下來我們得徒手將巨大的條板箱移下卡車，放好位置，對準那間畜舍的門口。這項任務花了好一段時間才完成，而且免不了製造大量噪音，布林尼似乎很不滿意，在畜舍裡拚命打嗝、齁齁噴氣、用後腳站立，而且好幾次想踢破畜欄的邊牆逃出去。等條板箱終於搬到定位後，我們先暫時走開，花半個鐘頭討論戰略，順便讓布林尼平靜一下。

「現在呢，小子，」哈瑞說，「我們這麼辦，我爬到箱子頂上去拉活門，可是我一爬上去，就看不見牠什麼時候跑進箱子裡，所以你得告訴我什麼時候把門放下，懂吧？現在呢，我要你扛著這把梯子去隔壁畜舍，然後拿著這段木頭，彎過隔牆，一等牠靠近條板箱，就在牠屁股上輕輕打一下，輕輕的哦，輕輕打一下就夠了，把牠趕進箱裡去。然後咧，等牠進去了，你大叫一聲，我把門放下，懂吧？」

「你說得容易。」我忿忿地說。

「讓我們祈禱真的就是這麼容易。」哈瑞對我咧嘴一笑。

我們大步走回畜舍，布林尼仍在裡面猛打嗝。我把梯子塞進隔壁畜舍，拿起一段木頭，爬上去隔著中間那道牆往牠的房間裡瞄。布林尼抬頭瞪我，因為發現我從背後偷窺牠而感到驚駭不已，鬃毛和鬍鬚蓬亂糾結，一副剛從床上爬起來的惺忪模樣，眼白往上翻，每噴一口鼻息，鼻孔就張得更大，同時不斷在小小的畜舍裡騰躍旋轉，彎曲的角彷彿利刃般閃閃發光。

「小子，你準備好了沒？」哈瑞在外面大叫。

我慢慢把手上的木頭移過牆頭，雙腳在梯子上踩穩。

「好！」我大吼，「開門吧！」

本來臉上帶著老太太在床底下發現一個男人的表情抬頭瞪我的布林尼，這時很自然地轉身面對門口，一看到條板箱的活門慢慢升起，便如一座火山似地開始大噴鼻息，緊張地踩碎步左右跳。我趁著牠不注意，將木頭對準位置，一手牢牢握緊，另一手再包上去——再沒有比這更蠢的姿勢了。

「我要開始趕牠了，哈瑞。」我叫道。

「好，小子。」哈瑞回答。

我小心翼翼地放低雙手，把木頭對準布林尼圓滾滾、不斷顫慄的屁股。當木頭末端碰到牠發亮毛皮的那一瞬間，就像是火柴點燃了一桶強烈炸藥的短引信一般，所有的事都在瞬間同時爆發。布林尼一感覺到那段木頭，沒有浪費一秒鐘，立即直挺挺躍入空中，蹄子從角下方飛腿而起，正中我手中的木頭。木頭像支火箭往上衝，撞上畜舍的屋頂，我緊緊握住木頭的手跟著撞擊屋頂，像被老虎鉗猛鉗了一下。我在劇烈疼痛之下，把木頭一扔，拚命想翻下隔牆，但當時我等於半臥在牆上，只感覺梯子在腳下猛烈搖晃。就在那一刻，布林尼出奇響亮地噴了一下鼻子，頭一低，衝進條板箱內。

「把門放下，哈瑞，把門放下！」我絕望地大喊，這時梯子往旁邊一歪，我摔回畜舍裡。條板箱的活門轟然一聲落下，布林尼被關進去了。但牠一衝進箱內，立刻用力去牴另一頭，整個箱子彷彿暴風雨中的船隻左右搖晃，隨著牠不斷用角短擊式地專心攻打，碎木頭開始亂飛，只見其他人四散逃竄，分頭奔去找鎯頭鐵釘，趕在布林尼掙脫之前修補破洞。站在不斷搖晃箱頂上的哈瑞往下緊盯著我。

「你沒事吧，小子？」他焦急地問。

我有點發抖地站起來，手彷彿剛被象踩了一腳，已經腫起來了。

「我沒事，可是手好像斷了。」我說。

我的猜測沒錯，等我被送進醫院，照了X光之後，他們發現我的手掌裡斷了三根骨頭。其實我還算幸運，從兩側被木頭這樣用力一夾，骨頭居然沒碎掉或戳出肉來。醫生給我吃止痛藥——藥效很強，就是止不了痛！並且指示我四十八小時內不准工作，得讓骨頭「穩定下來」。

這是我首次因公受傷，貝利太太因此對我呵護備至，彷彿我剛獲頒維多利亞十字動章，令我十分滿足。

那天晚上查理回家時，我正坐在爐火前養傷。

「小子，你最好趕快收拾行李。」他打完招呼後說。

「收拾行李？你在說什麼啊，查理？」貝利太太問道。

「辦公室剛剛通知我，」查理穿著拖鞋在爐火前烤腳。「這個週末我們就可以回家了。」

「回家？你是說回倫敦？」

「沒錯，」查理說，「這下你高興了吧？」

「我當然高興，」貝利太太說，「可是這孩子怎麼辦？」

「你搬去宿舍住，他們要重新啟用宿舍。」查理對我說。

宿舍指的是一棟像監獄的巨大建築，當初興建的目的是想讓園內單身的管理員住，但據我所知，直到現在仍未付諸實行。

「去住那間倉庫?!」貝利太太驚叫，「哎呀，冬天要到了，他會被凍死的。」

「他們有火爐啊。」查理說。

「那吃東西呢？誰來照顧他？」

「他們說有好幾個人會一起搬進去，」查理說，「管理員喬，還有一個新來的小夥子；上面讓老佛瑞德和他太太負責宿舍伙食和打理內務。」

「不可能！」貝利太太不敢置信地喊道，「怎麼會找老佛瑞德！」

貝利太太跟老佛瑞德是死對頭，從老佛瑞德第一次送木柴來家裡，貝利太太抱怨長凍瘡那一次，就結下宿怨：

「你知道你可以怎樣嗎，女士？」佛瑞德提出建議。

「不知道，」貝利太太雖然不喜歡別人喊她女士，不過對打聽治凍瘡的偏方仍然很熱心。「該怎麼做？」

「早上一起床就把腳泡在水盆裡，」老佛瑞德說，「然後滴點尿進去，跟萬靈丹一樣！」

查理和我聽到這個故事時都笑得半死，貝利太太卻覺得一點都不好笑。現在她發表評論：

「我可一點都不羨慕那些被他們夫婦照顧的人。傑瑞，來，再吃一點派。趁著現在還有得吃，趕快多吃一點，誰知道那兩個傢伙會餵你們吃什麼可怕的東西。真可憐！」

我必須承認，我同意她的看法。想到要離開貝利家溫暖的小屋，搬進倉庫似的宿舍，拿貝利太太豐富可口的家常菜，去和老佛瑞德和他老婆發明的怪配方交換，我頓時感到毛骨悚然，可是我又有什麼辦法呢？

第六章

搖擺的熊

A Bumble of Bears

牠對著自己的腳又舔又吮……

——巴塞洛繆《物之屬性》

（Bartholomew〔Berthelet〕, *Bartholomeus de Proprietatibus Rerum*）

熊區的另一頭有一大片地，密密麻麻種滿落葉松，在這片景觀類似北美或俄羅斯的幽黯樹林裡，住著我們的一群狼；牠們總共十四隻，模樣並不特別討人喜歡，這讓我明白為什麼長久以來狼一直惡名昭彰——金白色的眼睛在煤灰色毛皮的襯托下，顯得斜長而狡猾，再加上那怪異的走路姿勢：俯首貼耳，彷彿彎著腰往前拖行，而不是走路。狼雖然身軀龐大、孔武有力，移動時卻出奇優雅，就像在落葉松的長影間飄浮一般。

我同時發現狼被人冤枉得厲害。和傳說正好相反，狼並非整天都在跟蹤及獵殺人類，但不可否認，有些狼的確偶爾會吃人。一位瑞士博物學者曾經鬼氣森森地描述一七九九年德、法、俄軍隊在瑞士山區展開浴血混戰時，從不埋葬死者，全留給狼群吃光。那個地區的狼顯然很享受這批穿著軍服的天賜饗宴，據說從此變得嗜食人肉。

還好，我們的狼沒這個嗜好；不過每當我打開狼林大門，推著裝滿生肉的手推車穿過落葉松林，隔一段距離就丟一塊肉出去，看著狼群在安全距離外圍著你不停打轉，彼此咆哮威嚇，依照長幼順序衝過來搶肉時，仍免不了有點膽顫心驚。

狼的傳說

野生的狼終身與同一個伴侶廝守，而且是最盡忠職守的父母。一般狼群通常由父母親和那一年出生的小狼組成，所以等於是個小家庭，不過若碰到特別嚴酷的冬季，也可能幾個家庭聯合共同狩獵，這時狼群的規模就會大幅增加。狼在狩獵時，能旅行極長的距離；有人曾在阿拉斯加嚴密追蹤一群狼，發現牠們在六週內走了七百英里的路，跑遍一塊長一百英里、寬五十英里的區域。

狼也是遠至北美洲及蒙古的原始宗教中最常出現的動物，在巫術中更赫赫有名。在狼群比現今分布更廣的古歐洲，很多人不僅相信、更學習修煉「狼狂」（將自己幻化成狼的超能力）。有一則著名的狼人故事，出自約翰・維耶爾（Johann Weyer）的筆下，他雖然指稱「狼狂」完全是用苦刑折磨被害人後的臆想，不過他的故事仍證明「狼狂」確實存在：

……皮耶・柏加（大彼得）、麥可・佛登（又稱烏登）、及菲立伯・曼它，於一五二一年十二月經黑袍教僧侶簡・波因（又稱龐）審判。三人招忌，因一旅人行經波利金區時遭狼襲擊；旅人打傷狼，後跟蹤狼跡至小屋，見婦人為佛登滌傷。日後麥可・佛登招供他令皮耶效忠撒旦之經過。

皮耶・柏加亦招供。一五〇二年間，劇烈風暴驅散其牲畜，尋覓途中，遇三名黑衣騎士，皮耶陳述流失家畜之苦狀。騎士之一（後查明為摩伊撒）承諾，若皮耶願為僕服其勞，則必以紓憂；皮耶首肯，諾一週內將履行協議，旋踵尋獲羊群，再次會面時，皮耶得知該異士乃魔鬼之僕，遂棄基督教，親吻騎士黑冷如冰之左手，矢志效忠。二年餘，皮耶欲回歸基督信仰，此時另一名魔鬼僕人麥可・佛登受命，前往收服皮耶。皮耶接受撒旦賜金之誘惑，參與惡魔宴會，會中眾人各持一根藍焰綠燭，佛登命其解衣赤身，塗以魔膏；皮耶即蛻變為狼。兩小時後，佛堂為其敷抹另一種油膏，皮耶又恢復人形。皮耶招認（施刑後），變成狼人後屢次攻擊他人，曾襲擊一名七歲小兒，因小兒驚聲尖叫，皮耶不得不穿上衣服，恢復人形，以免事跡敗露；又招認曾啖一四歲女孩，肉香；又折斷一九歲女孩頸部而啖之，現狼形時，皮耶與真狼交配。三名犯人皆稱「與狼媾合甚歡，似與妻行房」。

自然，三名人犯皆處火刑，燒死。

除了人變狼的傳說之外（不過你不禁要同意一位早期不相信巫術的人，他說他用同一個問題，問得許多巫師啞口無言：「如果你可以把一個女人變成一隻貓，那可不可以把一隻貓變成一個女人呢？」），很多人也相信狼本身具有各種魔力。作家懷特（T. H. White）在他翻譯極有趣的十二世紀動物寓言集中，引述自然史教授阿爾德羅萬迪（Ulisse Aldrovandi）的說法：

雷瑟斯在敘述狼毛時有點愚蠢：「若眉毛也塗抹摻合薔薇香水的油膏，則受敷之人將得到所有人的愛慕。」令我覺得更荒謬可笑的是，據說落後地區的男女若繫以狼的陰莖（先烤乾），便能撩起淫慾；這讓我想起另一個有關狼皮小袋的傳說：若戴上內裝鴿心的狼皮袋，便可避開愛神的陷阱。雷瑟斯還講過另一則類似的故事，德謨克利特有十位信徒，因為在矛上插了狼的陰囊，得以自敵人陣營中安全脫逃。同樣地，塞克斯郡也說過某個旅人因攜帶狼尾而一路平安的故事。另外，根據維伽瑞斯的說法，只要在畜舍屋頂掛上狼尾、狼皮或狼頭，附近狼群即不敢掠食。關於狼尾，亞伯圖斯．馬格努斯也曾說過，若將狼尾綁在秣桶上方，必可將狼嚇走；可解釋為什麼人們要將死狼埋在農場裡，因為據信可驅逐狼群。

名聲如此烜赫，難怪真的狼總讓人覺得名不副實。

我們養的母狼每年發一次情，通常都在五月生小狼。每當母狼發情期間，狼群打架自然屢見不鮮，這些打鬥雖然看起來很殘忍，又抓又咬、咆哮哭嚎，卻好像從不見流血。等到母狼快生產時，會和狼群中的領袖一起選一株落葉松，在根部掘一道結構非常複雜的地道，然後在地道裡生下小狼；通常一窩有三到五隻。推著手推車進狼林餵牠們的時候，一定要小心避開這些嬰兒房，否則母狼會驚惶地啣著小狼在林子內到處躲我們。小狼一長到斷奶的年齡，父母便會反芻半消化的肉給牠們吃——等於狼的罐裝嬰兒食品。

每逢月光明亮的夜晚，特別是空氣裡還飄了一層霜的時候，我們的狼便會舉行大型的歌劇晚宴。月光替松林畫上銀色條紋，只能隱隱瞥見狼群倏忽掠過一叢叢陰影時的黑色剪影；驀然間，所有的狼都聚集在一起，頭往後仰，發出如泣如訴的荒野呼喚，那嗥叫聲在樹幹間迴盪，彷彿狼在洞穴中歌唱一般；牠們的眼睛在月光下熒熒閃爍，咽喉隨著愈來愈激動的情緒而腫脹，頭愈仰愈高，歌聲也愈來愈渴切。若在這個時候看到牠們，你會覺得一切有關狼的傳說可能都是真的。

狼嗥可以說是所有動物發出的聲音中最美的，所以當我發現狼和我一樣，對風笛懷有極複雜的感情，我一點都不驚訝。一六二四年時，狼群在英格蘭及愛爾蘭仍相當常見，費爾法克斯爵士（Sir Thomas Fairfax）講過一位愛爾蘭水手拿到前往英格蘭的護照後的故事：

……揹著背包穿過樹林，因為疲倦，坐在一棵樹下，打開背包，取出糧食來吃；這時他突然發現有兩、三匹狼朝他走過來，便丟了些碎麵包與起司過去，把狼全部趕走。稍後，狼群靠得更近，他在情急之下拿出風笛，才開始吹，就把狼群嚇跑了。水手於是說：真可惡！早知道你們這麼喜歡音樂，應該在晚餐前奏一曲給你們聽。」

那群狼肯定餓壞了，才會吃麵包和起司，我們的狼可挑食的很哪！

我記得有一天一位矮小的老太太屏氣凝神地看著我將滿車的生肉推進狼林，一塊塊拋出去。等我走出來，把門鎖上，她走到我旁邊問：

「對不起，年輕人，」她說，「請問那是什麼肉？」

那天我特別想惡作劇，便正經八百地回答：

「管理員的，女士。這樣比較省錢。等管理員老了、做不動了，我們就會拿他們餵狼。」

有一秒鐘的時間，她臉上露出不敢置信的恐懼表情，然後才恍然大悟，發現自己被耍了。

不過在月光遍灑的夜晚，安穩地蜷在床鋪上，聆聽狼群笛聲般的嗥叫，的確會感覺那夜色湧現一股說不出的魔力。

唱歌的泰迪與憤怒的母熊

與狼群比起來，我們照顧的那幾頭熊好比一群烏合之眾。牠們的長相看起來像是歐洲熊、亞洲熊及北美洲熊的大混血；最大的那隻是公的，替牠取名字的人顯然極富創意，叫牠「泰迪」！泰迪是個生薑色的胖熊，有一對憨呆、些微神經質又可憐兮兮的小綠豆眼，一顆向上翹的粉紅色大鼻子，和玳瑁色、極長又彎的爪子，牠每天花很多時間在修指甲，還不停吸吮它們。泰迪走路內八，顯得嬌柔，兩隻腳的腳爪會撞在一起，發出敲響板似的聲音，常引起遊客的嚴重關切。

「聽到沒，比爾……你看那隻熊在跳踢踏舞。」

「少蠢了，老兄！那是隻電動熊，你沒聽見馬達在響？管理員大概每天早上來上一次發條。」

我是第一個發現步履沉重、身材圓滾、老喜歡坐在自己後腿上、一隻手擺在心臟位置的泰迪，其實很明顯地是一位變裝的歌劇男高音。有一天我騎單車經過熊欄，聽到一陣非常奇特的聲音——非常尖銳的蚊鳴，卻又帶著渾厚低沉的弦音，偶爾還夾雜男扮女高音一口氣快唱完時的吱吱假聲。我很好奇到底是誰發出這麼不像熊吼的叫聲，便跳下單車去調查，結果發現泰迪坐在自己的生薑色肥屁股上，躲在一叢黑莓後面，一隻手掌緊抓自己的胸部，另一隻塞在嘴裡，正在唱歌給自己聽。一隻體積如此龐大的野獸（牠至少重達一百六十公斤），竟會發出如此細而尖的怪異嗓音，真教人不敢相信。牠半閉著鈕扣似的小眼睛，邊唱邊晃。我看了牠一會兒，決定叫牠。牠嚇了一跳，睜開眼睛，把手掌從嘴裡拉出來，彷彿萬分尷尬地瞪著我。我把牠叫到欄邊，餵牠吃一把剛採來的黑莓。牠像尊生薑色的菩薩，坐在我前面，用小手般的嘴唇很文雅地從我手中取走那些閃亮亮的黑色漿果。等牠吃完後，我深深吸一口氣，調整一下聲帶，盡可能模仿泰迪的音域，為牠獻唱一段《白馬客棧》[6]。

牠起先很驚訝地盯著我看，過了一會兒便十分快樂地將一隻手掌橫過自己胸膛，另一隻塞進嘴裡，閉上眼睛，和我一起合唱。我們的合唱充滿感情，可惜我終於接不上氣，被迫停下來，我想我們倆都覺得意猶未盡。從那次以後，我就經常找泰迪合唱半小時的歌，而且每逢必須清除圍欄內的垃圾時，有泰迪在一旁解悶，這項工作也不再枯燥乏味；牠會一直跟著我，精力旺盛地唱個不停。有一天，我們又隔著鐵欄凝望對方的眼睛，協調地合唱〈也許你不是天使〉。我無意間瞥見旁邊草地上居然站了三位修女，目不轉睛地盯著我們看；修女和我目光相交後，即撈起長袍，繼續往前走，眼皮眨都沒眨一下，彷彿看到的是再平常不過的景象，卻讓我和泰迪覺得非常難為情。

泰迪是如此的迷人，所以當我讀到暢銷書中一則敘述一頭少女殺手公熊的故事，幾乎就要相信了：

孔斯坦塞的菲立浦斯．科佛斯曾經對我透露一個祕密，薩沃伊山區有一頭熊強行將一位少女扛入牠的洞穴中，然後侵犯了她。牠將少女關在洞穴中的那段時間內，每天都外出找尋最鮮美的蘋果及各式水果，帶回來獻給她，以博取她的歡心，不過每次牠出洞覓食，必定滾動巨石堵住洞口，防止少女逃跑；少女的父母經過長

---

6 編注：White Horse Inn，來自奧地利的輕歌劇，後紅遍歐美。而「白馬客棧」也真有其地，就位在奧地利名勝沃夫岡湖旁。

期搜尋，終於在熊穴中找回自己的小女兒，將她從野蠻的禽獸禁錮中拯救出來。

妙的是，日本北海道體毛濃密的原住民「愛奴人」也崇拜熊，而且也有類似的民間傳說：一名女子生下熊的兒子，從此很多住在山區的愛奴人，便以熊的後代自居，引以為豪。他們總是這樣自我介紹：「至於我，我乃山神的小孩，是主宰山脈神祇的後代。」愛奴人視熊為聖物，對熊來說是件憂喜參半的事，因為他們每年都會舉行一次熊祭。村民先抓來一頭小熊，養在村裡，如果熊還很小，便讓一位村婦哺乳，或用手、或嘴對嘴地餵養牠。小熊慢慢長大，和小孩一起在茅屋附近玩耍，彷彿寵物般備受關愛，可是等到長得太大，不再適合當寵物之後，便被關在木籠裡，一關就是兩、三年，慢慢養肥。然後，到了九月或十月，熊祭就開始了。

村民首先向他們的神道歉，表示已節衣縮食，盡心奉養熊一段時間，現在到了不得不殺死牠的時候。若村子很小，那麼全體村民都會參與熊祭，待眾人都聚集在熊籠前面，村民代表便開始對熊說話，告訴牠村民即將送牠去見牠的祖先，然後村民代表懇求熊的原諒，期望熊不要生氣。奇怪的是，經過這般安撫之後，村民接著用繩子把熊綁起來，放出籠外，然後用無數鈍矛刺熊來激怒牠。等熊因為想掙脫繩索而筋疲力盡之後，村民接著把牠綁在木樁上，塞住嘴巴，活活勒死——用兩根柱子夾緊熊頸，直到牠斷氣。每位村民都會熱情參與這場行刑，最後由一個人很小心而有技巧地將一枝箭射入熊的心臟，不浪費一滴血。有時候村中男子會飲溫暖的熊血，希望藉此獲得熊的勇氣及其他美德，同時將血抹在身上，為狩獵祈福。熊死後，村民剝下熊皮，砍下熊頭，掛在住屋朝東的窗子上，旁邊再擺一小塊熊的屍體、一杯煮熟的熊肉、一些黍糰和魚乾。然後村民開始向死掉的熊禱告，其中一個願望就是請求熊寬宏大量，盡快找到父母投胎再做熊，好再被村民捉回來豢養、祭祀。人類學家觀察到當初哺餵小熊的婦女，在熊祭剛開始的時候都會嚎啕大哭，但之後仍熱心參與將熊勒死的行動，而且，等熊斷氣之後，很快就和村人一起感受「生命之喜悅」。

我很幸運，在熊區工作期間，正好碰上泰迪的兩位妻子生熊寶寶。哈瑞雖然知道母熊懷孕了，但確實生產日期只能憑經驗預估。等我們看到母熊開始蒐集樹葉，搬進洞穴裡，便知道臨盆時刻即將到來。幾座熊穴散布在覆滿熊欄的懸鉤子棘叢之間，上覆泥土及草地，結構為蜂窩狀的石洞。母熊蹲坐在距離自己洞穴幾碼外的地上，彎著臂膀開始拉扯周圍的樹葉及草，然後很寶貝地把成捆的草葉抱在肥胖的懷裡。等到那塊地方的鋪床材料統統被扯光後，再扭著肥屁股，去找塊新的地方坐下來重新開始。等蒐集的量連自己也快抱不住時，會小心翼翼倒退走回洞穴中，把床墊放下。築成的巢大約一呎至十八吋深、五呎寬。光是築巢，就耗去很長一段時間。然後有一天，哈瑞和我經過熊欄，他突然停下腳步，歪著頭專心聽。

「聽到沒，小子？」他說。

我仔細聽，果然聽到一陣很尖的聲音從其中一個熊穴裡傳出來——就和捏橡皮玩具發出的聲音一樣。

「生了！」哈瑞很滿意地說。

我為了慶祝這樁喜事，特地跑到村裡的酒吧買了兩瓶啤酒，在十一點點心時間喝。熊寶寶的誕生令我興奮異常，啤酒喝到一半，我問哈瑞何時可以去看小熊。

「要等到牠們眼睛睜開，小子。」他說。

「那要等多久？」我熱切地翻開筆記，準備記下這項極重要的資料。

「大概三個星期吧，」哈瑞說，「等個三週，我們就可以進去看小熊，記錄牠們的性別。」

我等得心急如焚；如果早知道後來的下場，我一定不會那麼迫不及待。總之，偉大的日子終於來臨了。

「今天我們進去看熊。」有一天早上哈瑞輕描淡寫地說。

我當然以為他指的是去看小熊。

「去判定小熊的性別？」我問。

「對，小子，」哈瑞說，「有個倫敦報社的攝影師十點鐘會來，你搬兩把梯子進去，把泰迪關進一個陷阱裡，兩隻母熊關進另一個陷阱裡，懂吧，小子？」

「好。」我答。雖然我很想知道那兩把梯子是做什麼用的，卻沒問。

我用一些黑莓和合唱一首〈卡普里島〉將泰迪誘進陷阱中；牠的兩位太太猜忌

心比較重，不太合作，不過最後仍抵抗不了肥肉與蜜棗的誘惑。終於，哈瑞的迷你身影也出現了，身邊跟著一位身材像竹竿的瘦高攝影師，還有在另一區工作的丹尼斯。

「都沒問題吧，小子？你照我的話把牠們分開了嗎？」哈瑞問。

「一切都在控制之中。」我回答。

哈瑞先檢查陷阱上的鎖，然後很快地搓了幾下手。

「好，小子，」他說，「現在把梯子搬進來，靠在牆上。」

在這裡我必須解釋，占地一畝的熊欄三面都是高十二呎、頂端往內懸垂的鐵欄，第四面牆是道敷了水泥的土堤，遊客走上幾道階梯後，即可俯瞰十二呎深的熊欄全景以及裡面的熊：哈瑞就是要我把梯子搭在這一面牆上。我乖乖從土堤上方將兩把梯子慢慢放下去，確定梯子都站穩了，仍是丈二金剛摸不著頭腦。

「好，小子，走吧。」哈瑞說完便倏地翻過欄杆，像隻蟑螂似地一溜煙爬下梯子；我也跟著他順著另一把梯子下去。

母熊一看到我們進入熊欄，朝牠們的洞穴走去，立刻開始恐怖地咆哮——那咆哮聲彷彿齜牙咧嘴的呻吟，極明確地告訴我們，如果牠們能衝出陷阱，將會採取怎樣的行動。走到第一個洞穴前，哈瑞便手腳貼地匍匐爬進去，安靜了好一陣子之後，又笨手笨腳地爬出來，拖出兩隻心不甘情不願、張牙舞爪的小東西，令我驚訝得一時喘不過氣來；小熊們就像兩隻剛從玩具店裡買回來、鋼青色的玩具熊！湊近端詳之後，我發現牠們的毛其實並非鋼青色，反而像極了波斯貓的藍色。牠們的爪子就像老爸一樣長而銳利，呈淡琥珀色，圓圓的眼睛則是亮麗的青瓷色。有這麼多神話般的特質，你一定以為牠們會像小仙子一樣迷人羞怯吧……正好相反！牠們不斷尖叫，用長爪子猛劃我們，一鉤住便愈摳愈深，比黑莓刺還難拔，而且還不斷用牠們像針一樣尖的細小白牙咬我們。

「來，小子，」哈瑞舉起這兩團迷人卻能致命的毛絨絨熊說，「你來抓住這兩隻，我再去把另外兩隻找出來。」

他很粗魯地把兩隻小熊塞進我懷裡，就像塞給我兩件質地結實且黏滿魚鉤的毛皮大衣。終於，哈瑞爬進另一個洞穴裡把另外兩隻小熊也拖了出來，偕我一起走回架梯子的地方。直到那一刻，我才發現（只能怪我過去的生活太封閉）抱著兩隻充滿惡意的熊寶寶爬梯子是多麼困難的一件事，等哈瑞和我爬上土堤之後，兩人身上都已傷痕累累、血流如注，幸而並未屈服。然後我們站在堤上裝出一副溫雅慇勤的模樣，讓攝影師從各種角度拍攝小熊。我就是在那個時候發現（到現在還這麼覺得）攝影師是一種非常沒有感覺又殘忍的族類；他們認為「把牠的頭移過來一點點，好讓我照牠的側面」是非常簡單的要求，卻可能害你喪失兩根手指頭。

終於，攝影師照完了——至少我這麼以為，轉身對哈瑞說：

「我們現在來讓牠們和母熊合照好不好？」

「噢，都安排好了，」哈瑞說，「現在就可以去照。」

我記得當時心裡認為哈瑞太自信了，因為我知道一經釋放，小熊鐵定會直接衝回懸鉤子棘叢中尋求庇護，一旦躲起來，根本不可能拍到。

「你下去，小子，」哈瑞說，「一定要等到我叫你放手，你才能把小熊放掉。」

經過一陣肯定可以在馬戲團裡得到熱烈掌聲的平衡表演之後，我又下到熊欄中，欣慰地終於能鬆開小熊，把牠們放在地上，只緊緊揪住牠們頸背上的皮；哈瑞也拎著他那兩隻扭個不停的熊寶寶走來，把牠們「砰」一聲往地上一放，放在我那兩隻小熊旁邊。

「現在，小子，」哈瑞說，「我們這麼辦！我們抓緊小熊，等丹尼斯把母熊從陷阱裡放出來。」

我不敢置信地瞪著他看，手裡仍然牢牢按住那對吵鬧不休的小雙胞胎。他不是開玩笑——他是說真的！

「哈瑞，」我說，「你瘋了嗎？小熊在這裡哭，他媽的母熊一放出來，一定馬上……馬上……」

我因為想到母熊在盛怒下會立刻採取的行動，實在沒辦法說完那句話；哈瑞卻充耳不聞。

「丹尼斯，」他大叫，「你準備好了沒？」

「準備好了！」丹尼斯的聲音從陷阱的方向傳過來，非常微弱。

「哈瑞……」我真的開始慌了。

「小子，」哈瑞安撫我，「你把小熊抓牢，等我叫你放手的時候就放手，懂吧？母熊有了小熊之後，絕不會碰我們的。」

「可是，哈瑞……」我才剛張嘴。

「不會有事的，小子。我們有兩把梯子，懂吧？我一說放手，你就放手，然後趕快爬上梯子，簡單得很。」哈瑞說，「你準備好了沒？」

「可是，哈瑞……」

「好，丹尼斯，放牠們出來！」哈瑞大吼。

接下來那幾秒鐘內發生的事非常非常多。

若說哈瑞和我簡直是兩個瘋子，那真是太溫和的描述。卯上被奪去小熊的母熊——而且是「兩隻」母熊！老天爺！就連莎士比亞也沒那麼瘋狂。在那個瞬間，兩隻被關在陷阱裡的母熊都突然停止咆哮；遠處傳來我極熟悉的聲音——陷阱活門被拉起來的金屬碰撞聲，接著便是一片可怖的寂靜；因為中間擋著很多懸鉤子棘叢，我們看不見陷阱。

「馬上就來囉，小子。」哈瑞興致高昂地說。

「哈瑞……」我忍不住哀鳴。

「啊！」哈瑞突然滿意地大喊，「牠們來了！」

直到那一刻，我才明白兩隻肌肉發達、毅然決然的熊，竟能掠過一大叢長了十二年、密密麻麻的懸鉤子棘叢，就像掠過一堆面紙一般；而且發出的那種撕裂聲也一模一樣。

然後，在抵達距離我們只剩下二十呎處，牠們和揪著四隻小熊的哈瑞與我之間已毫無屏障，四方面面相覷。熊寶寶一看到媽媽，立刻發瘋似地用力扭來扭去，扯著喉嚨尖聲呼喚。兩隻母熊突然煞車，先確定方向，憤怒地往空中用力嗅聞兩下，彷彿火箭在準備發射時先噴點氣，隨即震耳欲聾地咆哮朝我們衝過來——不是用跑的，而是像兩團毛絨絨的巨球，一跳一跳雷霆萬鈞地滾過來。母熊的速度快得驚人，身影愈變愈大，到距離我們約十二呎的時候，我覺得一切都完蛋了。

「好，小子！放手！」哈瑞說完便鬆手放開他那兩隻小熊。

我這輩子從來沒這麼快速又滿懷感激地放開任何動物過，老實說，我因為太激動，差點沒把兩隻小熊往牠們媽媽的方向丟過去。我轉身奔向梯子，以猿猴般的速度及身手一溜煙爬上梯頂，這才停下來往回看。果然不出哈瑞所料，母熊一接到小熊立刻煞車，開始專心舔寶寶，摸來撫去，根本無暇管我們。我們把梯子拉上來，我心有餘悸地擦掉臉上的汗。

「哈瑞！」回斑馬小屋的路上我語氣堅決地說，「叫我再那樣搞一次，給我一千磅也不幹！」

「嗯，你剛才為了兩磅十先令就幹了。」哈瑞咯咯笑著說。

「你說什麼？什麼我為了兩磅十先令就幹了？」

「攝影師只給我這麼多小費，」哈瑞笑說，「五磅。有一半是你的，小子。」

不能否認，我本來沒錢帶當時的女朋友去看電影。不過我還是認為實在太不划算了。

第七章

巍峨的長頸鹿

A Loom of Giraffe

一頭極溫和又善良的野獸。

——莎士比亞《仲夏夜之夢》

（William Shakespeare, *A Midsummer Night's Dream*）

就在我萬分惋惜地送走貝利夫婦，搬進四壁蕭然、氣氛有如少年輔育院般的宿舍之後，我被調往「長頸鹿區」工作，管理員只有一位，名叫柏特．羅傑斯。柏特安靜又善良，臉就像一粒被風吹皺的櫻桃，眼睛是菊苣的藍，雖然個性內向羞澀，卻總以無比的耐心與幽默感回答我無止盡的問題，而且為自己照顧的動物感到十分驕傲。

很不幸地，該區的正中央正好位於「藍鐘花森林」的中段。這片樹林雖然在春天風情萬種，但在這個時節卻教人不敢恭維。樹林外圍是一大片草原，寒風就像抽鞭子一樣橫掃而來，打在人身上。我開始在長頸鹿區工作的那個時節，「藍鐘花森林」完全名不副實。我本來想像一片翠綠的橡樹林，樹下開滿千萬朵野花，如煙似霧；結果林中的樹幹全被雨淋得潮濕油滑，綠霉蔓生，彷彿一塊塊汙漬。初冬裡，它只是一片潮濕陰暗的樹林，成群的小袋鼠坐在林中生悶氣，身材矮小的麂（muntjak）卑微地躡足穿梭在粗大樹幹間。

而巍然聳立於該區剩餘範圍的，當然就是長頸鹿彼得。牠住在全惠普斯奈最大、設計最精良也最氣派的獸欄內，整個建築由木頭搭蓋，呈半圓形，室內鋪著漂亮的拼花木條地板，建築外亦不例外地連接一大片草地，但礙於終年——特別是初冬——陰晴不定的英國天氣，彼得醒著的時間大部分都待在自己宴會廳般的宅邸裡，不停來回踱著方步。

第一天上班的早晨，柏特解釋完區內的繁雜工作後對我說：

「現在呢，小夥子，我們要做的第一件事就是去清掃彼得的地方。」

「你……呃……就直接進去？」我謹慎地問。

「當然囉。」柏特有點驚訝地回答。

「那牠……呃……很溫馴囉？」對母子熊事件仍記憶猶新的我，想先把狀況澈底搞清楚。

「哪個？你說老彼得啊？」柏特說，「牠連一隻蒼蠅都不會傷害的。」

柏特說完就塞給我一支掃把，打開門，領我走進那間迴音不斷、彷彿海德公園內亞伯音樂廳的建築——彼得的家。

我在動物園工作的時候，彼得的伴侶已經死了好幾年，失去母長頸鹿之後，彼得變得暴躁易怒，不肯進食。為了替彼得找個伴，園方讓一隻顏色古怪、血統可疑的小山羊搬進去和牠一起住，等我去該區工作時，那隻小山羊（不能免俗地取名為「比利」）已長成一隻大山羊，雖然其貌不揚，卻很性格，挺迷人的。第一天早晨，當我走進彼得的房子，彼得正站在遠遠的角落裡，嘴裡掛了一根草，下巴極富韻律感地動著，眼神非常遙遠，看起來就像一位住倫敦市中心的王公貴族，拿不定主意那天早上該圍哪條圍巾才好；比利一如往常，擺出一副長頸鹿發言人兼禮賓司長的架勢，立刻發出一聲歡迎的羊叫，急急走上前來調查我，看看我或我身上穿戴的東西，有沒有什麼是可以吃的。

「你慢慢來，小夥子，」柏特說，「動作溫和，慢慢掃過去，不要有突然的動作——牠不喜歡突然的動作，害怕起來可能會用腳踢，搞不好一會兒就過來跟你說哈囉。」

望著房子另一頭斑斕巍峨的身影，實在不是很想進一步認識牠。

「好了，我去餵水牛了。」柏特說。

「什麼？你不留下來？」我嚇了一跳。

「不，」柏特說，「掃這個地方不需要兩個人，你一定很快就可以掃好。」

沒錯，我心想，如果我沒被踢死的話。

貴族彼得與牠的摯友比利

柏特把我反鎖在彼得的房子裡，和在另一頭沉思的彼得，以及努力想把我一根鞋帶扯出來吃掉的比利關在一起。柏特沒規定我完成工作的時間，木頭地板又很容易清掃，所以我決定先花幾分鐘討比利的歡心，讓彼得習慣眼前的陌生人。我在口袋裡找到幾顆方糖，很快就與比利建立了堅不可摧的友誼。看牠吃糖的那副饞相，你會以為牠這輩子從來沒好好吃過一頓飯，然而牠卻長得和一匹迷你馬差不多大，而且覆蓋全身的生薑色毛也十分密實光滑。就在我繼續餵比利吃方糖時，彼得決定稍稍移動牠龐大美麗的身軀。牠把最後一段草吞下去，朝我走來；那感覺十分詭異，你彷彿看見一棵樹突然連根拔起，開始自行飄浮。彼得就是用飄的，控制牠巨大四肢的機制是如此神奇，這隻地球上最高的哺乳動物朝我走來，卻輕盈地像隻小鹿，寂靜地像片雲彩。牠的動作不急不徐，優美地讓你忘了注意牠不成比例的四肢和高度，畢竟長頸鹿生來便注定要笨手笨腳，然而彼得卻一點都不笨拙。牠走到距離我大約十二呎處停了下來（頭恰好在我頭頂上方），緩緩低下頭，湊近我的臉端詳，那兩排眼睫毛的長度和厚度，若沒親眼看過，絕對無法想像；還有那一對奇大無比、水汪汪的眼瞳，深不見底，帶著溫柔的好奇凝視我。然後牠以最溫文爾雅、彬彬有禮的方式嗅聞我，顯然決定我無害之後，便轉頭怡然自得走遠了。牠的尾巴像一長束象牙白絲製成的鐘擺，極溫柔地左右揮舞；身上蜜褐與奶白相間的複雜斑紋，彷彿奇特而美麗的馬賽克。就從那一刻開始，彼得，以及世界上所有的長頸鹿，將永遠令我傾倒。

在該區工作期間，彼得與比利建立起來的關係總讓我百看不膩。彼得對那隻醜怪小獸的摯愛顯而易見；而彼得是那隻山羊在這世界上最關心的對象，也是毫無疑問的。比利有一項「嗜好」（我實在想不出更適合的形容詞），簡直到了走火入魔的地步，那就是永遠不停搜尋任何疑似可食用的物品。彼得會低頭用水汪汪的大眼凝視牠朋友乾草色、略呈粉紅的矮胖身軀，帶著無比的柔情輕輕拱牠，然後小心翼翼地從牠身上跨過去。可是比利若決定去某個地方，而彼得湊巧擋了路，那牠採取的策略就直截了當多了，牠會把頭低下來，抵面前那根帶著斑點的巨腿，直到彼得彷彿滿懷歉意、緊張地讓開為止。比利有一對充滿幽默感的黃眼，一撮短而整齊的山羊鬍，和一頭迷你馬差不多大的矮胖軀體，兩隻動物之間的差別好比天與地；彼得從頭到腳都像貴族，還是位溫文儒雅的紈袴子弟，而比利顯然只是隻平凡、貪吃的山羊，卻擁有十足的幽默感，又有山羊族目中無人的膽識，走到哪兒都吃得開，再加上樂天派的性格，任何人都能一眼看出來誰是彼得家的老大。我相信就算把比利送進犀牛欄內，牠也能在二十四小時之內把犀牛老大治得服服貼貼。

比利跟我比較熟之後，偶爾會從奉獻終身的重要工作（也就是設法將不能吃的東西吃下肚去）中，撥冗陪我玩一個遊戲。牠對遊戲的定義極不尋常，也很累人；遊戲內容是由牠低下頭來牴我，我將兩手疊成杯狀，接住牠全力的攻擊，同時扭身往旁邊跨一步。我的遊戲部分需要速度與熟練度，若哪一天身體狀況或精神欠佳，必定被撞倒在地，痛苦喘息，這時比利就會走過來對準我的臉用力搖晃牠的山羊鬍，黃眼睛裡充滿戲謔的笑意。如果我躺在地上半天站不起來，接下來很可能會發現半條領帶不見了，因為任何運動都令比利食指大動。

觀看彼得吃東西則好比上一堂課；牠那根巨大的亮藍色長舌頭會舉起來，極文雅地捲住一束秣草，你會覺得那根舌頭是個有生命的獨立個體，因為它會挑揀及丟棄食物，同一時間的彼得卻如老僧入定一般動也不動。而看彼得從地上把食物撿起來，又是另一個奇觀。通常做這件事時，牠會採取兩種方式：一是彎曲兩條前腿，直到頭能搆得著地為止；另一種方法比較常用，也比較複雜及危險，即將兩條巨大的前腿慢慢叉開，一寸一寸地愈張愈開，再將長脖子從旁邊往下甩，伸出舌頭捲起地上的點心。牠每次做這個動作時都極為小心，若是腳步一滑，整個身體必將轟然往下摔，四腿岔開，兩片肩胛骨、四條腿，加上牠的背，都可能斷掉。

即使知道彼得已經接納了自己，替牠打掃房子仍是件奇特的任務。用力掃地的時候，我通常聽不見牠有墊的蹄子踏在拼木地板上幾近無聲無息的腳步聲，牠來臨的第一個警告，是一道如冥想般的低沉嘆息，從我頸背上方灌下來，我會回頭看見牠像座十二呎高的塔，矗立在我頭頂上，總是被這樣驚嚇可不太妙。牠晶瑩的大眼睛裡充滿了好奇，下巴如往常般極富韻律感地左右移動，嚼著自己反芻的食物，鼻孔慢慢擴張，朝我噴出另一股帶著秣草味的鼻息，然後再甩動巨大的頸子，將頭移到十六呎外，彎腰駝背地慢慢飄遠，伸出藍色的舌頭去探索秣草堆。彼得在我照顧的那段時間裡從來沒發過脾氣，但我知道只要被其中一個巨蹄踢個正著，就連獅子也會送命，所以我一直謹慎地對待牠。最重要的是不能驚嚇牠；當然，這一點對任何動物都適用。但長頸鹿特別容易緊張，一旦感到恐懼，可能會歇斯底里地亂跑，誰也阻止不了，最後若不累得心臟衰竭，也可能折斷腿——這當然是最激烈的反應。一般來說，長頸鹿通常在受到驚嚇後的反射動作，就是用後腳猛踢，或像揮鐮刀般低頭橫掃，彷彿割草般將敵人砍倒。

長頸鹿因為體積龐大，加上好似鮮豔壁毯的美麗毛皮，在動物園裡幾乎成為最搶眼的動物；然而在自然環境裡，這正是牠們擁有的最佳保護色。魯蘭・戈登—康明（Roualeyn Gordon-Cumming）曾經說過：

> 長頸鹿總在老森林中出現，匿身於飽經風吹日曬的斷株殘枝之間。鹿群出現時，我從來不能確定，必得借助望遠鏡，經詢問原住民僕人後，得知即使眼尖的土著也常被騙過，有時誤認頹傾的樹幹為鹿豹，或將真正的鹿豹與年老的森林混淆。

比利在不停走來走去尋找食物時，有自言自語、低聲咕噥的習慣，因而更襯托出彼得的沉靜。我認為彼得的靜默之所以如此吸引人，是因為它的完整性——牠不僅不發聲，就連整個身軀都非常安靜；巨大的蹄子踩在木頭地板上彷彿絮語，偶爾尾巴突然「啪」一聲掃過，總會嚇人一跳。牠會完全靜止地站在那兒，目光穿透你，似乎沉浸在某個已然模糊卻仍扣人心弦的回憶裡；然後幾乎像是心不在焉地，牠的藍舌頭會再度文雅地現身，優雅地捲住一束秣草，送進牠嘴裡；接著牠會機械化地開始嚼，表情不變，眼神仍然如此遙遠。高挑細瘦的身材，敏感的長臉，感傷的眼眸，以及那長腿搖擺的步伐，簡直就是完美的憂鬱王子。我深信只有一個形容詞最適合牠——有教養！

彼得只有一件事可以勉強稱得上「沒教養」，那就是牠咀嚼反芻食物的模樣。牠會站著打量替牠清掃房子的我，下巴極有節奏地左右拉扯，然後把嘴裡的食物一口吞下，下巴突然靜止不動，臉龐浮起一片呆滯的表情，讓人覺得此刻牠腦袋裡必然充滿詩情畫意的美麗意象。而牠帶著這種期待的神情，終於等到食物反芻上來；但它來得如此唐突，如此滑稽。你會先在詩人的胃深處聽到一陣奇怪的咕嚕聲，那陣咕嚕聲會以一聲短促的爆裂結束，接著一團球型的食物會在牠長頸的基部出現，像舊式電梯般充滿威儀地緩緩上升，所經之處皮膚隨之鼓脹。那團球通常和一粒椰子差不多大，最後會滾進牠的嘴裡，彼得的表情也會從天才的沉思轉為無限的滿足，下巴重新開始機械式的拉扯。我一直不確定牠是否能控制這種行為，如果在野外，示愛求偶進行到一半，突然被反芻的早餐打斷，那豈不大煞風景！

直到我開始照顧彼得與比利，可以就近比較牠們倆，我才真正注意到長頸鹿奇異的移動方式。我第一天上班，看著比利又忙著找東西吃，穿過房子，後面緊跟著彼得，我老覺得哪裡不太對勁，兩隻動物的動作似乎不太協調。後來我恍然大悟，原來比利走起路來就和一般哺乳動物一樣，先邁出右前腿，接著跨出左後腿；但彼得卻同時跨出右前腿及右後腿，所以走起路來才有那種腿極長、往左右兩邊劇烈搖晃的奇怪模樣。這也是長頸鹿大步慢跑時會大幅左搖右擺的原因，因為牠們同時抬起右邊兩條腿，整個身體的重量於是全擺在左邊兩條腿上，所以頭和脖子必須往右邊甩，才能平衡；等輪到抬起左邊兩條腿時，脖子又得往左甩。就這樣，長頸鹿一高一低、一搖一擺地穿過草原，長頸子就像畫上花紋的鐘擺，不斷左右搖晃。

彼得與比利共處一室，恐怕造成了英國大眾極大的困惑，而大多數遊客都有驟下結論的傾向。

「噢！你看！一隻小的……一隻長頸鹿寶寶！噢！好可愛哦！」大多數情況下比利都會以最不像長頸鹿的方式，興高采烈地「咩……」羊叫一聲回應這些驚呼，不過這對觀眾毫無影響。

「牠怎麼沒有遺傳到媽媽的斑紋呢？」遊客會互相詢問。

「也許長大以後才有。」

「牠怎麼沒有長頸子呢？」

「牠還小嘛，頸子會慢慢長長的。」

彼得會在遠處用責備的眼神注視那群人，完全缺乏母愛的表現。比利忙著湊到鐵絲網前乞討食物，完全不在乎別人怎麼想。

比利已經把乞食的技巧鍛煉到爐火純青的地步，我曾經看過牠在剛吃完三棵大蘿蔔之後，隔不到五分鐘，又急急衝到一位遊客面前，眼皮往上翻，步履蹣跚，一副平時都在挨餓邊緣的模樣。

「牠看起來好像很餓耶！」遊客會別有用心地對你說。

「哦，牠永遠都很餓。」你會露出微笑。「牠什麼都吃！來，比利，試試這個。」你遞給比利一顆杉樹毬果。

換作別的時候，比利一定會一口咬走毬果，彷彿那就是牠的最愛，可是這時候牠不會！

牠會很快瞥那顆毬果一眼，把頭轉開。

「你們就餵牠吃這個？」遊客會問。

「噢，不！」你會抗議，「牠吃得才好啊，就和長頸鹿吃的一樣。」

這時剛進屋裡翻過食槽的比利會再度出現，嘴裡叼著一小塊破布，機械化地嚼著，臉上帶著殉難者的表情。我因此領悟到一件事：你永遠都鬥不過山羊！

老公牛「成吉」與餓到吃草的牛寶寶

若說彼得是溫文儒雅的貴族，牠與牠的鄰居非洲水牛恐怕不能說是「物以類聚」。老實說，這些水牛的模樣簡直就是另一個極端：全身披著巫師般的暗黑色，永遠帶著怒目而視的神情，魚貫成行地穿過牠們的草原。一頭巨大雄壯卻有點駭人的老公牛帶領著五頭母牛；公牛節瘤突出的巨角下彎，垂在描有紅圈的小眼睛上方，每當經過牠的草原時，那兩隻爛兮兮的耳朵便會轉向來人，彷彿要上演一場嚴厲的審訊。由於非洲水牛有趁著畜舍還未掃乾淨就在裡面滾個過癮的習慣，所以腰窩上始終黏著兩大片乾涸龜裂的牛糞，就像穿著一件棕色拼圖製成的制服。這群牛常會散發出一股甜甜的濃濁味，聞起來就和普通畜牛沒兩樣，但牠們強壯許多，即使站在遠方的草原上都看得出來。

這群牛有一點值得頌揚，那就是團隊精神，移動時彷彿軍隊般井然有序。動物園裡其他的群居動物基本上都很不守規矩，總是互相推撞、擠成一團，每隻都想搶最好的位置；非洲水牛就不同了。看牠們穿過草原去喝水，便是齊步行軍的最佳典範：眾牛排成縱隊，趨近水池，由老公牛領頭，後頭長幼有序，依次排列，沒有潑婦，亦無莽漢，絕對看不到美洲水牛那種「你不讓開我就戳你屁股」的惡劣態度。抵達水池後，隊伍自動散開，各自不急不徐地深深飲水，喝飽後就站在及膝的水中沉思，文風不動，彷彿一座巨型的黑玉雕塑。

我很快就發現，那頭老公牛的脾氣就和牠的顏色一樣陰沉，時常大發雷霆，盛怒之下便想殺人，很可怕。不過牠在其餘時間卻很溫馴，會站在一旁半閉著描著粉紅眼圈的眼睛，讓人搔著牠的頭和耳朵。牠那顆像漆皮製的大鼻子，永遠濕潤發光。牠還有個噁心的習慣，喜歡從嘴巴及鼻孔裡噴出一大團冒泡的口水和鼻水，替牠搔癢時若一不留神，牠便會突然滿足地大嘆一口氣，在我的外套上灑上一大片爭相爆裂的白色泡沫。但若碰上牠被魔鬼附身的時候，那得離鐵絲網遠一點，因為牠的速度極快，而且能夠致命。

沿著非洲水牛的草原，是一條主要步道，每天傍晚我都騎單車走這條路回家。如果碰上老公牛「噴泡泡」的滿足心情，我便可以安然騎過這段長約兩百碼的路，牠頂多朝我抖抖耳朵；可是萬一不幸撞上牠正心情惡劣，牠會突然調頭，拋下其他的牛，踏著沉重的步伐迅速奔來，沿路追著我跑，同時用巨角猛撞柵欄，並自胸膛深處發出怒吼，那聲音實在不怎麼迷人。若從遠處看，這頭肥壯的牛跑得似乎不算快，但我曾經以快得危險的速度騎單車飛馳而過，老公牛仍毫不費力地跟在後面，巨角一路砰砰牴撞鐵絲網，嘴巴大張不斷咆哮，蹄子張開，粗而短的腿每邁開一步便用力往下踹，在綠草地上留下黑色的疤痕。老公牛沒有名字，於是我替牠取名為「成吉」，我常覺得只要牠一發飆，即可像蒙古人一般釀成大禍。

每逢牠特別厭惡人類的日子，牠會舉行一個非常奇怪的儀式：低下自己的巨頭，費力地抬起一隻前腳，小心翼翼地放在角的彎曲處上，然後站在原地不斷點頭，有時幾乎失去平衡；不然就開始表演華爾滋舞步，只靠三條腿著地轉圈，假裝自己的前腳被纏住了，拔不出來。這場表演通常會持續半個鐘頭左右。為什麼牠要這麼做，讓人猜不透，唯一可以確定的是其他的母牛從來不曾仿效牠，反而一副替領袖孩子氣的表現感到難為情的樣子，只要牠一開始，便遠遠避開，躲到草原最遠的角落裡去。我只能猜測牠這樣表演的理由和獅子在籠裡踱方步、北極熊或象不斷搖擺的理由一樣：是一種能夠安撫自己的神祕習慣，或是在餵食前打發時間。每一次成吉似乎都對自己表演的結果充滿懸疑緊張的期待：這一次能成功把前腳從角的彎曲處拔下來嗎？請收看下週精采續集！

成吉的後宮佳麗中，有一頭獨角母牛，我被調來不久，她便產下一頭小牛。寶寶看起來和普通畜牛的小牛沒什麼不同，只不過有一對不成比例的大耳朵，顏色是非常迷人的巧克力褐色，腿骨關節像球根，還有一根完全失控的可愛尾巴。牠出生兩天之後，開始跟著媽媽在草原上走動，但似乎有點虛弱。柏特和我站在欄外觀察牠。

「你看牠哪裡不對勁，柏特？」我問。

「不知道，」柏特說，「但我可以確定牠有問題。」

就在那個時候，寶寶令我們大吃一驚，居然試圖吃草。這行為大有問題，因為如果有足夠的奶吃，才出生兩天的小牛是不可能想吃草的。於是我們用燕麥及秣草將牛媽媽誘到欄邊，發現她的乳房果然很乾，寶寶吃不到奶，才在極度飢餓中想學媽媽吃草。

「我們該怎麼辦?」我問柏特。

「只有一個辦法,」柏特說,「我們得把小牛抓出來,用奶瓶餵牠。」要將小牛從充滿母愛的野水牛媽媽眼前移開,可不是一件你很想去做就做得到的事。大費周章之後,我們終於把母牛與小牛和其他牛群隔開,鎖在畜舍裡。當然囉,聽到流言快報的比利正好就在那個時候出現,以鼓勵的口吻表示他是特地趕來看我、或看別人被母牛牴穿肚腸的。

現在到了整件事最高潮的時刻:我們得走進畜舍,將小牛從母牛身邊帶開。

「現在呢,」柏特對我解釋我負責的任務,「我進去把母牛趕到角落裡,你就一把抱起小牛,拖牠出來,懂吧?」

「懂。」我說。

我讀過所有關於非洲水牛如何凶猛的故事,全在剎那間浮現腦海。柏特抄起防衛武器——一根極細的長樹枝,走進畜舍,邊顫抖地露出漫不在乎的表情,我跟在後面。母牛站在畜舍最遠的角落裡,小牛就在牠的鼻子下方;牠看起來比平常遠遠站在草原上簡直大上五倍。我們走進去的時候,牠的耳朵立刻往外擴展,既驚訝又帶著焦躁地噴了噴鼻息。

「現在，」柏特說，「我用這根樹枝引開牠，你衝進去抱小牛，好吧？」

我不得不承認那個點子只在理論上站得住腳，隨即往外套上搓了搓手。柏特毫不猶豫，立刻用樹枝往前掃，一邊用極具權威的口氣說：「來，乖女孩，來！」母牛大吃一驚，果真令我跌破眼鏡地丟下小牛，乖乖退到對面的角落裡去。

「快去！」柏特突然大吼一聲，我倉促唸了禱告詞，往前衝，雙手合抱住小牛的身體，想把牠舉起來，卻驚駭地發現牠太重了。牠很友善地嗅嗅我，同時還用力踩了踩我的腳背。知道自己抱不動牠之後，我改變策略，緊緊抓住牠兩隻前腳，開始用力拖。小牛這時突然明白原來我想把牠從媽媽身邊拖走，牠一點都不喜歡這個主意，便將四根粗腿往地上一揮，整個身體立刻像個磐石，屹立不動。

「柏特！」我絕望地大叫，「我拖不動牠！」

柏特很快往後瞄了一眼，母牛就在那一刻決定不再忍氣吞聲。接下來那幾秒鐘一團混亂，柏特和我拚命閃躲母牛的彎角，好不容易沒受重傷撤退到門口。經過一番辯論，我叫來比利幫我拖小牛，柏特再一次手持樹枝走進畜舍，並且再一次成功地趕開母牛；比利和我衝進去抓住心不甘情不願的牛寶寶。可惜我們出師不利，先是我不小心踩了比利一腳，然後又因為小牛踢我的腿，被絆了一大跤，於是兩人都四腳朝天，摔進公牛最愛在上面打滾的那堆東西裡——的確又濕又軟！等我們終於站穩腳步，抓住小牛，把牠拖出畜舍時，兩人都已滿身大汗，而且從頭到腳沾滿牛糞。接著我們用幾個麻袋包住又叫又踢的寶寶，把牠塞進園內專用車裡，送到專門餵養動物寶寶的育嬰房。比利和我都得回家洗澡，換掉全身的衣服，才能見人。

冬天來到之後，住在宿舍裡令我更加沮喪。如果坐在樓下巨大的客廳裡，就得有一搭沒一搭地跟室友閒扯淡；如果不去客廳，那只剩一個去處，就是關在自己小得像牢房、冷得可以凍牛肉的房間裡。我的薪水微薄，無法去村裡的酒吧消磨漫長冬夜，所以大部分夜晚，一到七點就裹起毯子坐在床上看書或抄寫筆記，因此我總是非常期待星期四（去畢爾隊長家晚餐的日子），就像佛教徒渴求涅槃一般。畢爾家明亮溫暖的客廳，圍著動物打轉的愉快對話，鬧成一團玩隊長發明規則的撲克牌遊戲，圍在鋼琴旁的合唱，還有隊長災難般的可口咖哩……一切的一切，對我這個有如囚禁在西伯利亞集中營內的人來說，都太美好了。偶爾，我們也會奇蹟似地抵達鄧斯特布爾或魯頓，去看一場吸引隊長的電影。比利會先來園裡找我：「爹地說今晚早點來，我們要去看電影。」我會依言提早去他們家，隊長會極不耐煩地在玄關裡等待，由於穿了他那件巨大的大衣，顯得比常人體型大三倍，脖子上再圍一條巨大圍巾，窄邊呢帽壓在額頭上。

「噢，杜瑞爾，」他會吠道，眼鏡片不停閃爍，「進來、進來！至少還有一個人準時，真不懂這些女人在幹什麼。你媽在做什麼，比利？」

「穿衣服。」比利言簡意賅地應聲。

隊長會開始來回踱步，一面喃喃自語，一面不斷看錶。

「葛萊蒂絲！」終於他會忍不住大吼，「葛萊蒂絲！妳在搞什麼鬼！葛萊蒂絲！」

畢爾太太遙遠的聲音會從臥室傳下來，應該是某一個藉口。

「那妳就快一點啊！」隊長會再次大吼，「妳知不知道現在幾點了？葛萊蒂絲！……葛萊蒂絲！我說妳知不知道現在幾點了？妳再不趕快，我們就要錯過電影開頭了……葛萊蒂絲……我沒有催妳……我只是想提醒妳們這群女生他媽的趕快……我沒有講髒話……我只是要妳們快一點！」

終於，畢爾太太與三位女孩會吱吱喳喳地出現，隊長則像隻超級巨大的牧羊犬，嘟嘟嚷嚷地把她們全趕進停在外面的車裡，自己再擠進駕駛座；羅拉和畢爾太太坐在他旁邊，其他人全擠進後座。經過引擎發出一連串可怕的吼聲，排檔像快被勒斃似地呻吟一叫，我們緩緩啟程。

「哈！」隊長會滿意地說，「馬上就到了。」

那時汽油還是配給的，這點令隊長非常煩躁——他視所有的配給制度為政府公開仇視他們一家的表現。為了節省汽油，他發明了一套奇特卻毫無用處的規定：當汽車爬到山坡頂上時，隊長會把引擎熄掉。

「開始推！」他會大吼，「大家一起推！」

我第一次聽他下達這道奇怪的命令時，還以為油用完了，隊長要我們大家下去推車；真是大錯特錯！隊長說「推」，其實是要全部的人坐在自己的位置上身體一前一後地用力搖。他向我們保證，這麼一來，整輛車就會有足夠的動力，慢慢滑下山坡去。

「推！快點、大家推！」他會大吼，一邊劇烈搖晃自己龐大的上身。「快推！葛萊蒂絲！」

「我在推，威廉！」畢爾太太會紅著臉、喘著氣，拋開一切矜持，狠命往前往後搖擺，活像龐奇與朱迪傀儡戲裡的軟布偶[7]。

「妳不夠用力！坐在後面的人，一起推！用力！用力！」

「我已經用上全部的力氣了，威廉，」畢爾太太會喘著氣說，「我覺得這樣根本沒用。」

「當然有用！」隊長齜牙咧嘴咆哮，「只要你們推的方法正確，他媽的當然會有用！快來，再用力一點……再用力！」

汽車滑到坡底後，往下一個坡衝過去。「一起來……一起來……用力！……再

7 Punch and Judy Show，英國著名的傀儡戲，從頭到尾就是龐奇以各種方式狠踢朱迪的情節。

用力！」隊長狂熱地大吼，所有乘客像英式橄欖球員並列爭球，喘息聲及低吼聲此起彼落，充塞車內。

終於，車子慢慢停了下來，隊長拉起煞車。

「你們看！」他會把一根圓縫形狀的手指頭伸出窗外，煩躁地指著外面說，「我們只推到這一叢荊豆，上一次我們推到那一棵山楂樹旁邊。我就跟你講，你們用的力氣不夠！」

「可是我們已經盡力推啦，威廉。」

「節奏感！你們就是少了節奏感。」隊長會解釋我們的缺失。

「用力推的時候哪裡還管得到節奏感嘛，親愛的。」

「當然可以！」隊長大吼，「隨便哪一個埃及人都知道！要有節奏感，要抓對時間……你們的方法統統不對！現在我們再來試一次。」

「等到汽油不用再配給，我一定最高興。」畢爾太太會小聲對我說。

「這又不是我的錯，吼？」隊長會火藥味十足地說，「政府只發他媽的一湯匙汽油，又不是我的錯。我是想勉強湊合著用！」

「親愛的，不要說髒話，而且我又沒說是你的錯。」

「本來就不是我的錯。我只是想幫忙，你們卻不好好配合。」

「好吧好吧，親愛的，我們再來試一次。」

汽車又開到下一個山坡頂，開始往下滑；隊長又再一次熄掉引擎。

「現在開始囉！」他會大叫，「跟著我的節拍，背要用力頂。大家一起來……一、二、三，推！一、二、三，推……妳沒推，葛萊蒂絲！妳的節拍全亂了！跟不上節拍，怎麼會有效果？一、二、三，推！葛萊蒂絲，專心一點！」

就這樣，我們一行人一邊喘氣，一邊前後搖擺地慢慢往目的地駛去。無論之後看的電影有多刺激，也永遠比不上我們去電影院和回家的那兩趟旅程精采。

第八章

驕傲的駱駝

A Superiority of Camels

一說到運送所有必需品的駱駝，言而總之，
即是魔鬼、鴕鳥加上孤兒，齊聚一身。

——吉卜林（Joseph Rudyard Kipling, *Oonts*）

冬天來了，就像突然敞開的墓穴；僅存一批似五彩旗幟的秋葉，在一夕間被風從樹上扯了下來，積成一堆堆巨塚，你若去踢倒它們，便會釋放出一股李子蛋糕的味道。接著來臨的是清晨的霜，將長草染白、凍脆，彷彿餅乾一般；吐出來的氣好似白色蛛網般飄浮眼前，又惡狠狠地嚙咬你的指尖，比被門用力夾到還痛。再來是雪，大片大片馬德拉蕾絲般的雪，彷彿一片平滑的奶白色油漆，塗抹在鄉間。但這一層油漆會淹沒你的膝蓋，雪堆更深達七呎，走在這層油漆上，它能夠隔絕所有的聲音，只剩下飄雪時的颯颯絮語。寒風像軍刀一樣朝你砍來，擠出你的眼淚，把正在樹上融化的雪結凍成冰，熔蠟般地塑出千萬根香檳酒杯狀的冰柱。

我結束了與長頸鹿的戀情，被調往「駱駝區」。該區的主要動物是一群雙峰駱駝、一群犛牛、一對貘和各式各樣的羚羊與鹿。區長是「柯爾先生」——「你可以稱呼我柯爾先生，年輕人！」到駱駝區上工的第一天早上他這麼對我說，他的體型和他照管的駱駝出奇相似。他的密友是老湯姆，非常討人喜歡的傢伙，身材和拉貨車的馬一般高壯，卻舉步蹣跚、痛苦不堪，因為腳趾炎腫得厲害，鞋裡就像塞滿馬鈴薯一般。他和善的小眼睛是松鴉翅膀的那種亮藍色，大而彎的鷹鉤鼻在啤酒與自製葡萄酒長年澆灌下，已變得和一粒冬青漿果一樣鮮紅發亮。老湯姆一生未娶，卻和自己所有的孩子（總共十五位！）都保持親密友善的關係。

他是如此地和藹可親，臉上永遠掛著微笑，沙啞的聲音充滿感情，即使只道一聲「早安」，也會讓你覺得他是特別對你說的，彷彿你就是他全世界的最愛。因此每個人都極喜愛他，願意為他賣命，而他每天就像大家的爺爺，一邊微笑，一邊蹣跚地在動物園裡搖來晃去。

大比爾與學站的駱駝寶寶

主要的那群駱駝中有六隻母駱駝，領袖為大比爾。大比爾非常龐大，駝峰彷彿裝填過度的法國扶手椅，腿上圍著超大燈籠褲似的捲毛，滿臉倨傲，不可一世，讓人巴不得牠絆一跤跌在地上。牠會巍然站在你面前，肚子嘰哩咕嚕響個不停，嘎嘎磨著黃綠色的兩排長牙，用極端嫌棄到不敢置信的眼神瞪你，彷彿看到了弒嬰罪犯，或類似的猥瑣人物。除了抱持這種維多利亞式的優越感之外，牠還是一頭不可信賴的禽獸，只要覺得你不夠尊敬牠，隨時會用一隻如超大針墊的腳踹踢你。不過沒人清楚大比爾對於「冒犯」的定義為何，因此與牠共處的生活永遠危機四伏。

有一次我想去餵貘，決定抄捷徑，翻過柵欄，穿越駱駝的草原。大比爾站在草原中央，正在反芻，我走過去跟牠打招呼。

「嘿！比爾小子！」我興高采烈地說。

顯然像牠這般高貴的動物極度看不慣我這種親狎的態度；大比爾的下巴停止移動，兩隻淡黃色的眼睛鎖定我，說時遲那時快，牠一個箭步跨出，低下頭，張開嘴巴，變色的長牙頓時嵌進我胸前的衣服裡，將我懸空舉起，搖一搖，再往下一揣。幸好那天我穿了一件厚呢外套，裡面還套了一件非常厚的高領毛衣，牠的牙齒才沒戳穿我的胸膛。我倒在地上，牠猛地轉身，飛起後腿就是一腳，我在情急之下往旁邊一滾，頭只距離牠巨大的蹄子幾吋而已。我爬起來拔腿就逃，從此再也不敢擅自穿越大比爾的草原。

比爾身旁年紀最老的太太，是一隻名叫「老奶奶」的沉靜女士，我在駱駝區工作期間，牠生下了一隻小駱駝；寶寶肯定是在清晨出生的，因為當我們八點上工時，牠已經躺在稻草堆上，就在母親鼓凸的肚子下，一副茫然若失、極度沮喪的模樣，身上的毛皮被老奶奶舔得油光水滑。因為老奶奶是整群駱駝中最溫馴的一隻，我可以放心檢查寶寶，不必害怕臉被踢爛。小駱駝瘦得只剩皮包骨，長腿軟趴趴，無法支撐自己，背部的一側孤伶伶地垂掛兩片三角型的皮，這兩塊慘不忍睹的東西，日後將慢慢膨脹充實，變成牠的駝峰。老奶奶似乎因為牠感到非常驕傲，不斷用口鼻拱牠，確定躺在自己身體下的孩子安全無虞，然後仰望畜舍的屋頂，臉上一副不可名狀的驕矜表情。

二十四小時之後，寶寶可以走路了——正確地說，是牠在一番努力之後，終於可以用腿把自己撐起來；經過這番準備工作之後，接下來的表演便跨入超現實的領域。因為牠還沒有辦法完全控制自己腫著四粒球根般關節的長腿，而且有時候還像有另一股力量在控制身上這幾條腿，所以牠很努力地想奪回控制權。牠會踉蹌幾步，膝蓋在身體下方歪扭，歪得愈厲害，牠的表情就更加憂鬱；牠會停下來思索眼前的問題，整個身體卻仍劇烈搖晃，而站著不動的時間愈長，四條腿支撐牠的意願就愈低，膝蓋開始折疊，肢體狂亂地左刺右戳。接著，很突然地，用四肢搭起來的鷹架「嘩」一聲垮掉，牠重重摔在地上，四條腿岔出各種奇異角度，要不是因為身體還極柔軟，早就折斷了。

痛下決心的牠會經過幾個極痛苦的階段，再度爬起來，站直，然後開始小跑步。可惜這個方法也行不通，牠的腿彈射出去的方向完全無法預估，令牠狼狽萬分，跑得愈快，膝蓋的滑稽表演就變得愈複雜，牠會躍入空中，想趁機把纏成一團的膝蓋分開，可是它們實在交纏得太緊，牠只好又摔倒在地，疊成一堆。即使如此，牠每天早晨都勤奮不懈地練習，老奶奶則繼續在附近咀嚼反芻的食物，極端自豪地看著牠。

兩天之後，牠已頗能控制自己的腿，便志得意滿地開始冒險，想學小羊跳躍耍鬧，有時難免以大災難收場。牠跳躍的樣子就跟牠第一次嘗試走路一樣可笑，先在母親周圍亂蹦亂跳，跌來撞去，扁塌的兩片駝峰彷彿伸出火車窗戶亂揮的小手帕。有時牠的腿會表現失常，讓牠重重摔在地上，樂極生悲的牠一下子就清醒過來，起身跟在母親後面安靜地走上一段路，但過一會兒又忘了，再度開始興奮蹦跳。其他的駱駝覺得牠很煩，因為牠對距離的判斷能力很差，不時會撞到或絆到別的駱駝，使本來井然有序的隊伍頓時脫序。經常在牠進行一段特別複雜又優美的跳躍動作時，會被自己的腳絆倒，撞上另一隻母駱駝的屁股，被撞的駱駝就會氣呼呼地踢牠一腳。

在另一塊獨立的圍場裡，臨時住著三隻大比爾的兒子，牠們都兩歲左右，因為怕大比爾不喜歡看到牠們，所以和主群分開。毫無疑問，這三隻是我照顧過的所有動物中最笨拙又煩人的傢伙。牠們站立時身高約六呎，因為年紀還小，駝峰仍然有點軟趴趴的，而且還不太能控制自己又細又長的腿。牠們的草原因為面積小，經牠們的巨蹄踐踏後早已童山濯濯。每天早晨，我必須在這三隻笨瓜的協助下，清掃這塊沙地。

你一抵達，三隻兒子立刻會擠到門口，親暱地互相呆瞪，形成一道嚴密的方陣，讓你開不了門。經過掃帚、鏟子一陣推趕之後，牠們慢慢意識到你好像想進去，但牠們擋了路，於是紛紛移開，一臉迷糊又興致盎然地看著你走進圍場，然後一路緊跟在後，親熱地對著你頸背呵氣，踩你的腳後跟，偶爾自己絆一跤撞到你身上，害你跌個狗吃屎。掃地的時候，無論你如何喝斥或哄騙，牠們絕對不肯站好，都執意地跟著你團團轉，不管你決定掃哪一個地方，一定有一隻駱駝站在那裡對你傻笑，非等你罵出一長串髒話，整個人撲在牠身上，用力把牠推到六呎以外的地方，才能繼續掃你的地。

可是等到你推開一隻駱駝，想回去掃地時，另一隻已經取代剛才那隻，霸占了那塊地。總之，替牠們掃地是件充滿挫折感的差事。好不容易終於掃完地，你如釋重負地長嘆一聲，走出圍場把門鎖好，那三隻年輕駱駝會站在圍場中央淚眼婆娑地看著你，彷彿在送別摯友；然後，牠們會像小羊般極可笑地搖著尾巴，不約而同在你剛剛辛苦掃好的圍場正中央拉下三坨一模一樣的臭大便。

駱駝很能適應困苦的生活，就像博物學者理察．萊德克（Richard Lydekker）曾經說過：

> 雙峰駱駝主要的食物是西伯利亞大草原上其他動物都不食用、鹹而苦澀的植物，同時牠們似乎特別喜歡鹽，會大量飲用鹽湖及帶鹹味的水，而鹹水也普遍存在

於駱駝的棲地範圍內。雙峰駱駝不見得完全食素，根據俄國探險家普列捷瓦斯基的紀錄，在極端飢餓的情況下，牠們幾乎什麼都吃，包括毛毯、動物的骨頭及皮革，還有肉和魚。

儘管除了燕麥、甜菜頭和秣草外，我從來沒看過大比爾吃別的東西，不過牠的確熱愛我們丟進駱駝圍場的岩鹽石塊，會用發黃的牙齒一大塊一大塊地咬下來，然後慢慢咀嚼，發出射擊步槍的巨響，同時用令人畏縮的眼神盯著你瞧。

駱駝區裡我最喜歡的兩隻動物是一對南美貘，名字和牠們很不配——亞瑟和伊索。貘看起來有點像象和馬的混血，再加上一點豬的氣味；其實牠們看起來最像史前馬的重組，只不過多了根軟軟的小長鼻子。牠們圓胖而和善，小眼睛不斷閃爍，像一對雙胞胎，在圍場裡逛來逛去。

每天一次，湯姆和我會坐下來，將眼前一大堆馬鈴薯、胡蘿蔔、蕪菁和甜菜頭仔細切成小塊，裝在麻袋裡，然後湯姆站起來，把麻袋揹在背上，邁出嚴重發炎腫脹的腳，蹣跚走去餵貘。貘一見到他，便歡喜地哭叫表示歡迎，尖尖的聲音很像有人在用濕拇指刮汽球，如此粗壯的動物發出鳥鳴般的尖細聲音，感覺很奇特。每次看著鷹鉤鼻、O型腿、步履蹣跚的老湯姆在圍場裡走動，後面追著兩隻貘，我總覺得很有趣；如果說柯爾先生活像他寶貝駱駝的翻版，那麼老湯姆就是一頭紅臉貘。

在南美洲的森林裡，貘只有三種天敵：人、巨蟒與美洲豹。萊德克說：

南美獵人很喜歡獵貘，取其肉及皮。據稱肉鮮嫩多汁，顏色與味道都像牛肉；貘的皮厚且堅固，割成長條後磨光，再用肥油處理，可製韁繩及馬轡。可惜貘皮不適合製鞋，因乾燥後會變得極硬，缺乏彈性，浸濕後又太軟，且如海綿般吸水力極強。貘的毛、蹄及其他身體部位被土著用來製藥；有些人將貘戴在頭上，作為護身符，有些人將貘磨成粉末內服……除人類之外，最主要的天敵便是大貓：美洲豹掠食美洲貘，老虎則攻擊馬來貘。據說當美洲貘遭美洲豹襲擊時，會立刻衝進茂密的矮叢中，希望藉此擺脫掠食者。但由於貘皮太厚，豹爪無法抴牢貘背，許多紀錄都說貘成功脫逃的機率頗高，而且很多遭捕殺的貘背上的確都有豹爪留下的傷痕。

雖然我們的貘從來沒發過脾氣，可是後來我讀到牠們若被逼急了，可能會把人撞倒，用尖銳的蹄子踐踏，再用巨齒撕成碎片。從此我都相當慎重地對待兩隻貘，進圍場時也不敢再放肆地用力拍打牠們的屁股了。

駱駝區還有一大群犛牛，也是很迷人的動物。犛牛在牛科中非常特別，一來身材不同，肩膀很高，慢慢往下斜，到尾部最低；二來牠們的毛主要長在腹部。若仔細看一頭犛牛，會發現牠的腿、肚子和尾巴後半截，都覆滿厚厚的一層毛，而背上及頸部的毛卻相對短上許多。純種的野生犛牛顏色呈漆黑或很深的巧克力色，我們有幾隻這樣的犛牛；不過大多數身上都雜有白色、奶油色、煤灰或黑色的斑紋，顯示已經過人類長期的馴化。

犛牛之於世界的高原，如同駱駝之於沙漠。犛牛雖然智力有限，韌性卻極強，有點像職業軍人，靠著非凡的耐力與決心，可以橫越其他動物都無法克服的地形，在最不尋常的畛域內生活。牠們對冷似乎完全沒有感覺，在西藏，犛牛甚至會選擇冰河邊緣半凍結的泥洞，跳進去打滾。犛牛群的圍場內有一座池塘，我們每天得進去兩次，將塘面的冰塊敲碎；這是早晨第一項、也是最討厭的一項工作。非這麼做的緣故，是因為若冰層結厚，小犛牛便會跑上去，大犛牛也會跟在後面，加起來的重量可能會壓破冰層，犛牛落水後就會淹死。每天我們進去做這件事的時候，犛牛群都會踏過雪地，飛奔來迎接我們，曲線優美地表演騰躍，甩動牠們彷彿牧鞭一般的尾巴，偶爾興奮過度，還會頭頂著地，舉高蹄子在空中亂踢。牠們會從鼻孔裡噴出大團大團的蒸氣，積雪則在蹄子下輕聲尖叫，娓娓絮語，宛如樂聲。

你用草耙叉起一捆秣草，像摔角選手擊倒對手一般抬臂一扭，俐落地將那捆秣草打在背後，然後穩穩踏過積雪及膝的圍場。犛牛圍繞著你，彷彿一大團聞起來甜膩的毛，親熱地與你廝磨，偶爾試圖朝你背後那捆草偷咬一口；如果和牠們拉鋸時稍不留意，很可能就會四腳朝天，仰躺在雪地上。快走到池畔時，你扯掉捆草的鐵絲，將秣草一束束散在雪地上，那些身軀龐大的犛牛便會圍在秣草周圍，無限滿足地大口咀嚼。

你帶著鏟子走到池塘邊，所有的犛牛寶寶都會跟著你，像巨大的狗一樣在你身邊蹦跳。你將池邊的浮冰敲碎，湖面裂成一幅拼圖圖案，犛牛寶寶立刻將口鼻深深浸入池水中，開始牛飲；接著走進水裡，開始打滾，用身體將冰塊擠碎壓裂，這時你若不及時撤退，便會看見五、六隻犛牛寶寶同時從水中起身，甩毛灑你一身冰水。

奇怪的是，儘管犛牛的體積幾乎和北美水牛一般大，而且同樣能夠致命，我卻從來不覺得牠們具有傷害性；很多我會對牠們做的親熱動作，我絕不會對園中其他巨型有蹄動物嘗試。犛牛寶寶最喜歡有人陪牠玩，每當積雪又厚又軟，我會縱身撲向經過我身邊的小牛，捉住牠的尾巴，小犛牛會全速往前衝，你只要抓牢，全身放鬆，牠就會拖著你像拖雪球一樣穿過雪地，等到你終於放手時，小犛牛也立刻煞車，回過頭驚訝萬分地看你，彷彿在怪你為什麼這麼輕易就放棄一場好玩的遊戲。

等你清掃完牠們畜舍內的糞便，並且做完其他的工作，你的手已經凍得發僵，顏色又青又紅，這時最好走到大犛牛身邊，趁著牠靜靜吃草，把手插進牠肋骨旁的厚毛裡，享受那火爐般的溫暖。

十九世紀時，金洛克將軍（General Kinloch）曾經描述過西藏的犛牛：

> 犛牛漫遊的區域似乎極廣。夏季裡，母犛牛通常聚集成群，數目從十頭到一百頭不等；老的公犛牛大多單獨行動，或三、四隻結隊同行。牠們在夜晚及清晨攝食，白天通常爬上陡峭而荒涼的山坡，有時躺在同一處數小時不動。老公牛似乎特別喜歡選擇高地休息，就連在最陡峭的山頂、所有植物都已消失的地方，亦可見到牠們的足跡。犛牛的視力顯然不好，嗅覺卻極靈敏，獵犛牛時最要小心的就是這一點。在西藏高原的山谷中，峽谷交錯重疊，氣溫不斷變化，風向亦不可捉摸，有時甚至可能在幾分鐘內繞行羅盤一周，因此再周密的狩獵計畫，亦遭全盤破壞。

此時隆冬已夾帶它所有的悲苦前來陪伴我們，對我困居宿舍的情緒猶如雪上加霜。最糟糕的就是我一來就被貝利夫婦寵壞了，我想大概沒有任何人在第一次離家工作時，受到像我那般的溺愛縱容。貝利夫婦給予我無限的關愛，溫暖且毫無限制地視我如己出，查理鼓勵我賣弄自誇，叨叨敘述有關我家人及自己短暫生平的故事，他會邊聽邊笑（或許根本不信吧），然後安靜地對自己重複最精采的部分，默默微笑。至於生活中其他比較嚴肅的問題，有貝利太太指導帶領我。

「再吃一點……你擦了鞋沒？……她好不好？……別在外面待太晚，別忘囉，你媽媽一定不喜歡……再吃一點……不，如果你想喝點啤酒，別去酒吧，親愛的，帶回家來喝，比較舒服。不過每次不准超過兩品脫。」

還有那些為了我可愛的拌嘴。

「妳不要管那小子，親愛的，為什麼他就不能去喝一大杯？」

「我不是不願意他喝啤酒，查理，你知道的嘛，我是怕他去『那個地方』去習慣了，你想他母親會怎麼說呢？」

「他媽會說他想喝一大杯啤酒！」

「如果他把啤酒帶回家喝，不是舒服很多嗎？而且大家都待在家裡也比較安心啊。不過每次不准超過兩品脫，親愛的，現在都快到睡覺時間了。」

現在這一切已成過去；而我的宿舍生活之慘淡，不親身經歷，絕對無法想像。

當白霧就像一只巨大的拳擊手套，壓住四野，我會很高興看見那一小團彷彿在飄動的白紗中不斷慄動的朦朧光暈，即是宿舍門外的橘色小燈；如果你的臉和雙手都已被凍得發痛，就算看到像宿舍那樣的避難所，你也會很高興的。

進門後，玄關內的溫度大概只比外面暖和一度，看看牆上的整排木釘，我立刻可以知道誰在、誰不在。有時候我是第一個回來的人；不見喬那件爛兮兮的雨衣和那頂油油的雨帽；還有佛瑞德灰撲撲的厚毛毯外套，和洛伊那件曾經可能是一件頂級名牌風衣、如今已辨識不出任何形狀的大布，也尚未出現。

第一個回宿舍吃晚餐是好、還是不好，很難定論。你只有兩個選擇：一是早到，聽奧斯丁太太聊些空洞愚蠢的話題；否則就是晚到，帶著無法掩飾的嫌惡表情，吃冷掉的食物、喝不熱的茶。通常我都勇敢地早到，即使如此，還是有意想不到的陷阱。

才剛進廚房，也就是我們用餐的地方，一陣熱氣隨即迎面襲來。奧斯丁太太正在替我們準備晚餐，一股嗆鼻的味道告訴我今晚還是吃魚；我認命地在桌邊坐下。奧斯丁太太耳背得厲害，完全不知道我已經進廚房了，仍然繼續切麵包、塗牛油。

她的個子很矮，下巴歪斜，帶著倫敦土腔的口音總是很模糊，有時根本聽不懂。她的眼睛很小很黑，有點鬥雞，令人懷疑她的視力也有問題。她的頭髮像一大蓬雜毛，加上無數綹垂髮，永遠都不夠多、不夠長，沒辦法整理，就那樣四散在頭顱周圍，我深深體認到，遲早會有一大束赫然出現在我的食物中。

我通常會坐在那裡，努力試著不去注意她準備食物的方式，偏偏就是抗拒不了那可怕的蠱惑力量。桌上擺著一條麵包，她把麵包拿起來，抵著自己的圍裙，切下一片，然後一手抓住這片麵包，另一隻手開始在上面塗牛油。過程中有些牛油沾在她拇指上，她會送進嘴裡大聲把牛油吮乾淨，然後再去抓那片麵包，充滿愛意地用沾滿口水的拇指握著它，繼續忙碌。數數攤在抹布上的麵包夠了，她便走到儲食間拿盤子來裝。回來時，她突然注意到我，開心的笑容令她的五官更加扭曲。

「你回來啦？」

我笑笑，點點頭。

「你回來啦？」她歪著頭重複一遍，彷彿在仔細聆聽。

這一次我不必作任何反應，因為她總會不斷重複自己的話。

然後她會用掛在門後的一條五彩毛巾擦掉盤子上的灰塵——毛巾本來是五彩的，但因為已經掛在門後兩個星期，每個人都用它擦盤子擦手，所以有些細彩紋已經模糊了。她把麵包放在盤子上，快步踱到爐邊，一面回頭口齒不清地朝我嚷著：

「晚餐馬上就好。我今天去了魯頓。我今天出門了……去了魯頓。剛剛才回來。才進來五分鐘。」

「是嗎？」我冷淡地應聲，看著她掀起鍋蓋，釋放出一團充滿魚腥味的蒸氣雲，她朝沸騰的鍋內聞一聞。

「魚！」她很高興地告訴我，然後把鍋蓋蓋回去。「你喜歡嗎？」

因為我們已經連續吃了兩、三個月的魚，所以這個問題很難回答。

門把嘰嘎響了一聲，通知有人來了，轉移我的注意力。是喬。他站在門口溫和地微笑，瘦削英俊的臉龐被凍得紅通通的，兩頰上的細毛彷彿黃銅絲在燈光下閃閃發亮。

「晚安，約瑟夫。」我向他打招呼。

「晚安。」他會綻出微笑，然後走進廚房，大皮靴踩在磁磚地板上吱嘎作響，然後沉重地坐下，瀏覽桌面。

「耶穌基督！又是魚！」這是一句聲明，不是一個問題。

「對，」我陰沉地回答，翻翻自己盤中的剩餚，「我們很快都會長出尾巴。」

喬發出一陣藏在喉嚨裡、氣喘似的笑聲。

奧斯丁太太把一盤黑線鱈魚放在喬面前，對他微笑。

「魚！」她指指盤子，解釋道。

「對，」喬回答，「我看到了。」

「你今天回來早囉，」她嘮叨，「工作很辛苦哦？」

「對，」喬大吼，眼裡閃著促狹，然後低聲對我說，「我今天啥事兒都沒做，媽的太冷了。」

我們靜靜咀嚼一陣子，然後喬用一口茶沖下一大口鱈魚，輕輕打個嗝。

「那小子呢？」

「洛伊？他還沒回來。佛瑞德也還沒回來。」

「佛瑞德工作太賣力了，忙得沒法回來吃晚餐。」喬說完又啞聲笑笑。

這時洛伊出現了；他是個蒼白安靜又害羞的年輕人，和奧斯丁太太講話時聲量總是不夠大。他坐下來，緊張地對喬和我笑一笑。用餐時間總令他窘迫萬分；奧斯丁太太和他講不通，喬令他害怕，所以他總找我，可能感覺到我同情他的窘迫。

「噢……！」奧斯丁太太發現他之後叫道，「你回來啦？」

洛伊機械化地點一下頭，眼睛盯著桌面。接著奧斯丁太太第三次向我們宣布，我們正在享用的魚是魚；她尤其要讓洛伊知道，後者聽到後卻面無表情。我們三人沉默地坐著，女士則大聲吸吮及使勁嚼她的食物。

霧氣濕答答黏在窗上，時鐘在流理檯上單調地啪嗒作響，開水壺在爐上微微打鼾，這一首由不協調音譜成的交響曲主調，便是奧斯丁太太用假牙「咯嘘、咯嘘」將魚扯爛、嚼成一團魚渣的聲音。偶爾她會停下來，大聲吞一口茶。

「佛瑞德回來遲了，」她發現，「他在修泵，嗯？」

「對，」喬說，然後附帶一句，「所以我們才沒水用。」

洛伊緊張地咯咯笑；奧斯丁太太雖然沒聽清楚，也會微笑。

「年輕人老愛開玩笑，嗯？」她有時會淘氣地對我說。

「是啊。」我大吼。

一陣聲響從玄關傳來，宿舍的男主人，佛瑞德，出現了。他是個走路慢吞吞、圓肩、毫無幽默感的人，胖胖的眼睛長得很近，臉上布滿紋路。我從來沒碰過像他這樣凡事都懂的人；無論談什麼話題，佛瑞德永遠最清楚，而且他會一再提醒你這一點。

「噢。」這是他打招呼的方式；然後他蹣跚地走到自己的座位旁。

「晚安，佛瑞德，」喬目光閃爍地問，「加班啊？」

「沒有！」佛瑞德說，「那些王八蛋找不到螺絲釘。我早就跟他們說不要去碰那些釘子——他們會聽嗎？哈，才不聽你的咧！」

佛瑞德的長鼻子下永遠垂著一滴透明的鼻水，每次看著那滴鼻水珠隨著他移動身體而不斷顫抖搖晃，卻總能以千鈞一髮的黏力緊抓那塊毛茸茸的附著點，實在令我驚異。鼻水珠的主人看看擺在自己面前的餐盤。

「黑線鱈魚！」他非常驕傲地宣布。

「是魚！」他太太指正他，「你喜歡吃魚，對不對？」

「對。」佛瑞德會秀氣地動刀把魚切成小片。

他的動作小心謹慎，而且非常慢，簡直慢得像隻爬蟲類。他會把食物鏟入口中，完全不感興趣地開始咀嚼，表情就跟母牛咀嚼反芻出來的食物時一樣。隨著下巴的移動，他的臉頰像兩塊墊子般鼓起、滾來滾去，鼻子則發出沉重的鼻息。

喬往後靠，點燃菸斗，吐出一縷縷令人胸肌抽筋的濃菸；洛伊則繼續辛苦地與鱈魚搏鬥；奧斯丁太太沉浸在某個難得滲入她麻木腦袋的瑣碎念頭之中。

「你今晚要出去？」佛瑞德問我。

「不。」

跟佛瑞德講話，我永遠都只說單字，這樣可以遏止躲藏在他最不經心的寒暄中、隨時伺機如山洪爆發、只為了煩死每個人的無聊回憶。

「呵，」他深思一下，「那今晚你會待在這裡囉？」佛瑞德的邏輯觀念不錯，不過很基本。他喜歡確定別人都聽到他說的話。

我點點頭。

「怎麼啦？」他會詢問，「難道她不愛你啦？」

「她愛，只不過她現在正和別人的丈夫約會。」我開個玩笑。

全桌的人都笑了，包括奧斯丁太太，雖然她根本沒聽見我們說什麼，卻不想置身事外。

不可避免的事終於發生了。佛瑞德的水珠放棄了與地心引力的抗爭，奇準無比地掉在正送往他嘴裡的那叉子魚肉裡。佛瑞德繼續有條不紊地咀嚼著。

「嗯，」接著喬會說，「『我』今晚要出去！」

他站起來，腳步沉重地踱出去，口哨聲在玄關裡迴響。感覺到佛瑞德的眼光又轉到我臉上之後，為了不讓他開始對今天的工作發表沒完沒了、令人生厭的評論，我趕緊效法喬。等走到玄關時，還可以聽見奧斯丁太太問洛伊喜不喜歡吃魚。

第九章

管理野獸的男孩

Odd-Beast Boy

所有我們認知有生命的肉身與精神者，即具有身體及靈魂者，
皆可稱為動物（野獸）。無論是天空飛的鳥、水裡游的魚，
以及地上走的獸；無論是人是獸、是野是馴，
還是地上爬的或天上滑翔者，皆是如此。

——巴塞洛繆《物之屬性》

（Bartholomew〔Berthelet〕, *Bartholomeus de Proprietatibus Rerum*）

曾經有兩、三個月極快樂的時光，我成了「管理野獸的男孩」，也就是說，我有一小塊屬於自己的區域，裡面住著十二對愛斯基摩犬及兩對北極狐，因為照顧這些動物不需要一整天的時間，因此我還會在各區間跑，替輪休的人代班。這個安排好極了，我可以趁機和許多我早已熟悉的動物重溫舊夢，像是老虎保羅；而且幾乎每天轉區，所以工作永遠不單調。

過去我從來沒照顧過愛斯基摩犬，因此第一天和牠們相處時很謹慎，畢竟牠們的體型都非常巨大。後來我很快就發現，儘管這些狗很樂意為一根骨頭和其他的狗鬥個你死我活，但只要一碰到人，那股敦厚十足的熱情，常讓人難以招架。狗群裡體型最大的，是一隻奶油色、名叫「絲瓜」[8]的巨大母狗。我本來不曉得這個名字是怎麼來的，一進牠的狗欄就明白了。牠的臉上帶著親切無比的笑容，舌頭伸得老長，簡直像一條迎賓的紅地毯，一看到我就往我身上一撲，努力想舔遍我每一寸的臉，好表達牠對人類永恆的皈依與摯愛。牠站起來身高達六呎多，突然被如此巨大的粉撲搭上肩膀抱住，自然會往後倒在鐵絲網上，接下來「絲瓜」就會名副其實地把人壓得動彈不得，除非身手靈活，否則肯定斷上幾根肋骨。見面擁抱過之後，牠會稍微克制一點，不過仍然堅持陪伴我掃地，同時圍著我不停繞圈子，還用力搖著尾巴，彷彿發出示愛的呻吟。偶爾牠的尾巴會掃過我的小腿，那感覺就像被馬踢到一樣。儘管照顧絲瓜必須接受媲美職業摔角選手的訓練，但牠的確是一頭美麗又討人喜歡的動物。其實圍場裡的每一隻愛斯基摩犬都很可愛，但個性最突出的，仍非巨大胖乎乎的絲瓜莫屬。

我接管愛斯基摩狗群的時候，菲爾告訴我絲瓜才剛交配，不久會生小狗。於是我從旁小心觀察牠，把最好的肉都給牠，還恢復以前在獅子區工作時的習慣，去附近農場樹籬下偷雞蛋，回來餵給牠吃。想每天固定檢查絲瓜、判斷牠何時可能生產，是一件難度極高的工作，因為只要稍微表現得比平常親熱一點，牠會立刻興奮得發狂，情況立刻失控；而且牠的毛非常厚，除非先和牠來一場摔角比賽，否則不可能把手指頭伸進牠的毛裡，觸摸乳房是否脹奶。慢慢地，牠的乳房愈來愈豐滿，有一天早晨，牠歡迎我的態度不如往常那般熱情，只隨便舔一下，就飛奔回自己的

8 Squash，意為推擠、壓扁。

狗屋裡去，狗屋裡還傳出小狗哼唧哼唧的哭聲。牠坐在狗屋門口，臉上的表情只能用「志得意滿」形容。我往狗屋內的乾草堆裡瞧，看見六隻胖小狗在上面滾來滾去，發出尖銳的叫聲，像酒吧外的一群醉漢，撞成一堆。其中四隻身上夾雜煤灰及白色的斑紋，另外兩隻則是和媽媽一樣的奶白色。每隻都很漂亮、健康，毛又厚又亮，頭大而鈍，彷彿長相奇特的水獺。

這不是絲瓜的第一胎，但看牠那副得意的樣子，你會這麼以為。每天早晨一等我進入牠的窩掃地，牠就先舔我道「早安」，把我舔得往後倒在鐵絲網上後，隨即轉身跑回自己的狗屋，拎出一隻小狗來給我看。我若蹲下去，牠會把小狗放在我膝頭上，站在一旁像打鼾似地大聲呼吸，吊著舌頭，搖著尾巴，看我愛撫小狗。過了一會兒，牠會把小狗輕輕啣起來，拾回狗屋裡去，再拎另一隻回來；就這樣來回跑，直到每隻小狗都趴過我的膝頭，才心滿意足地讓我開始工作。

若少了犬科中這一群慓悍又可靠的成員，有一部分的人類勢必不知如何度日。靠牠們的協助，人們才可能在地球上原本不宜人居的地區生存。十九世紀時，一位紀萊納博士（Dr Guilleinard）曾這樣描述愛斯基摩犬：

那些狗大多體白頭黑或全身棕黑色；因口鼻部尖，耳朵也尖，所以看起來很像狼。牠們唯一的食物是飼主餵的粉紅鮭；但夏季在鄉間遊蕩途中也會獵食小動物、鳥及撿蛋吃。通常八到十隻會被套軛於雪橇前，若雪橇太重或路況太糟，數量可能加倍或多上幾隻。地面積雪硬而平坦時，狗隊可拖上三百六十磅的重量，一天行進三十五到四十英里；若雪橇負重不多，乘客又只有一名，則可以每小時八俄里[9]的速度跑很長一段時間。途中，飼主白天餵牠們兩次，每次給三分之一條魚，晚上再餵半條，狗隨便咬幾口冰，就將魚沖下肚去……每隻狗都有名字，拖雪橇時會個別聽令，就像拉篷車的牛隊，不用皮鞭。若有哪隻特別不聽話，需要教訓，主人會用樹枝或隨手撿塊石頭丟牠。栓狗的方法不一而足，主要考慮是讓狗隔離，因為狗群在路上一抓住機會就打架。方法之一是製作一個巨大的三角柱，每根柱子的末端栓一條狗；很多村落都必須養很多狗，一道道三角柱便蔚為奇觀。

9 一俄里等於三千五百公尺。

我照顧的那一群愛斯基摩犬表現出驚人的體力，而且對寒冷毫無感覺，只有生小狗的時候才會使用自己的木屋，平常即使下大雪，也寧願挖個洞在外頭睡。在飲食上，不偏食的程度令駝鳥都要汗顏。其中一隻每天都吃一條手帕，其他由熱愛動物的英國大眾塞進鐵絲網，例如公車票根或冰淇淋紙盒等，牠們一律萬分歡喜地立刻吞下肚去。有一天我在清掃其中一個狗欄時，不小心掉了皮夾——幸好裡面一毛都沒有，被一隻愛斯基摩幼犬兩口就吃掉了，而且牠似乎很高興撿到這麼豐盛的點心，後來也沒有任何不適的反應。所以我在讀到紀萊納博士對愛斯基摩犬堅毅性格的描述時，一點都不驚訝：

飼主從來不提供牠們舒適的家抵禦北極的嚴酷氣候，這些可憐的狗兒，除了工作時間之外，大多數情況下都得靠「自己打點」。靠著長期累積的經驗，以及遺傳自祖先的先天行為，牠們擁有老兵般的反應。夜晚在村落外陌生小路上踽踽獨行，常鑽入兔子打的巨大地洞內避風。身上彷彿熊毛般厚的毛皮，多為軟毛，而非長而硬的毛……牠們訓練精良，耐力強又狡黠，很多時候卻非常執拗、不順從，而且顯然對飼主的懲罰毫不在乎。除非是住在周圍全是凍原、夏天也須使用雪橇的村落裡，否則夏季便是牠們放長假的時候。這段時間牠們可以隨心所欲地在野地遊蕩，夜裡偶爾回自己的洞穴睡覺，有時也會數日不歸，仗恃優異的狩獵及捕魚技巧，捕獵小動物及鮭魚食用。只有在極罕見的情況下，牠們才會拋棄自己的主人。然而當地居民必須為牠們的服務付出代價，牠們貪吃成性，居民因而無法飼養任何綿羊、山羊或小型家畜；堪察加便是世界上少數從不知家禽為何物的國家。

可以在動物園內自由遊蕩的動物，除了小袋鼠和孔雀之外，還有迷你麂和許多頭中國獐鹿（Chinese Water Deer），獐鹿長相古怪，大約和一隻萬能㹴一樣大。你一定覺得，在一大片草已經被不同批的羚羊與鹿嚼得短短的圍場裡，體型這般大的動物絕對很顯眼，事實上獐鹿只要一往三吋高的草地裡一躺，立刻就像融化了似的，若不走到幾乎要踩到牠的近距離內，根本看不見。牠們的顏色是黯淡的黃褐色，毛挺粗的，若湊近觀察，會發現每根毛都略扁，而且像竹子一樣中間有節。這種怪鹿不長角，代替品是公鹿嘴裡像吸血鬼一樣的尖長犬齒，作為爭奪母鹿時的武器，在原棲地冬天冰封時也可能用來刨樹根及球根。

有一天早晨，我接到通知，一頭不知是充滿冒險精神、還是遷徙行為作祟的獐鹿，逃出了環繞整座動物園的邊界柵欄，溜進附近一片圍起來放養山雞的草地。菲爾、我和當時閒著沒事幹的比利，便一起去抓那隻逃兵。我們駕駛一輛塞滿捕網的綠色貨車，來到那片占地約四分之一英畝、形狀像冰柱的三角形草地上。

那頭獐鹿站在草地中央，身旁圍著一群極端興奮又興味盎然的雞，彷彿牠正在對那群雞發表一段有關旅行之美的演講。牠看見我們走進草地，嚇了一跳，彷彿一位參選議員的候選人分神忘了詞，同時發覺臺下觀眾漸漸開始騷動，紛紛神色緊張起來。

我們張開捕網，縮小必須追著牠跑的範圍，牠注視我們的一舉一動，警戒心逐漸升高。我們的計畫是派兩個人去趕牠，逼牠投網，第三人再伺機撲上去制服牠。

這個計畫只有一個破綻——牠拒絕投網！牠被我們追得滿場跑，卻總能靈巧地改變方向，離網子遠遠的。我們召開臨時會議，決定改採英式橄欖球員擒抱扭倒對手的策略，那群雞本來一直是一群聚精會神卻極守秩序的觀眾，然而當戰術一變，牠們就受不了了。第一個人縱身一撲，隨即在鹿尾後方四碼處重重摔倒在地之後，雞的隊伍便開始大亂。剎那間，空中充滿獵人摔跤後痛苦的哀號與喘息聲，以及驚惶淒厲的雞叫和漫天飛舞的雞毛。

只見獐鹿愈來愈驚慌，開始去撞高高的鐵絲網欄，企圖衝破鐵網逃走。結果牠往空中一躍，撞上鐵網，兩根長牙不偏不倚掛在網上，整隻鹿吊在網上，又踢又踹，拚命掙扎。我們立刻一起衝過去，牠卻在最後一刻表演了一招神奇的軟骨功，掙脫鐵網，摔在草地上，以迅雷不及掩耳的速度轉身衝破我們的封鎖線。由於牠正好從我身旁衝過去，我用眼睛牢牢鎖定牠的後腿，以鷹隼俯衝的優雅姿勢（我希望！）往前急縱……接下來那三秒鐘既混亂又痛苦：我緊抱住牠一條腿，連人帶鹿不停翻滾，滾到整塊草地上唯一一堆薊和蕁麻叢裡。獐鹿用牠沒被抓住的另一條後腿猛地後踹，尖得像利刃的蹄子將我從手腕到手肘劃開一大道傷口，我們又繼續翻滾了一段距離，我還是牢牢抓住牠的腿，牠回過頭來，想用長牙揮砍我的手背。

不過這是牠最後的反抗；接著牠突然完全停止反擊，發出令人血液凝固、刺穿耳膜的尖叫，好像我正在用燒紅的鐵燙牠似的。很自然地，我以為我弄痛牠了，便在驚嚇之餘稍微放鬆了手的力道。隨後，我們小心將牠塞入麻袋，菲爾向我解釋其實這是中國獐鹿認命的典型反應。

在我們收網的那段時間裡，躺在麻袋裡的牠仍然不停發出那種刺耳的尖叫聲。我們把牠抬進貨車裡，駛回動物園，我本來認定車子一發動，牠必定會驚訝地閉嘴；結果並非如此。穿越動物園的整條路上，從後車廂裡傳出的可怕尖叫聲一直沒停過，每個經過的人都立刻臉色發白，驚懼地往貨車後頭瞧。

一位體格魁梧、軍人模樣的男人停下腳步，虎瞪著我們駛遠，彷彿在認真考慮要追上來檢查我們的活體解剖執照。那頭鹿一秒鐘都沒停過，一直尖叫到我們抵達預定的釋放地點。就算是殺豬聲，和這隻小東西發出來的驚人聲量一比，都像是音樂。最後，等我們把牠從麻袋裡抱出來，牠終於停止尖叫，很快地往前跳了兩跳，伏進草堆裡就不見了。

有一天，我注意到我的一隻狐狸在尾巴末端長了一個膿包。我向菲爾報告之後，他向畢爾隊長要來一種膏藥，要我每天擦在膿包上。這項工作非常煩人，生性容易緊張的狐狸也很不喜歡，因為每次上藥牠都得被抓起來一次。我用一只很像捕蝶網的巨網來做這件事，網子頂端用很粗的金屬條圈起來，保護墊裹得很差，網袋本身以很粗的魚網製成。還好狐狸的行為很規律，所以捕捉過程並不難。一旦牠被趕出自己的洞穴之後，就會繞著狐欄以穩定的速度一圈一圈跑，因此只需要突然且迅速地將網子放在牠的前面，但要靠得夠近，牠就會直衝進網裡。不過執行過程仍不能大意，因為金屬條圈雖裹有保護墊，還是很危險。

到了第四天的時候，膿包已顯著好轉，又到了我抓狐狸的上藥時間。就在牠正繞著狐欄跑，我把網子放下去的剎那，比利正好騎著單車過來，我完全沒注意到他；比利突然用高音朝我大喊「呀呼！」，我嚇了一大跳，網子稍微抬高了兩吋——致命的兩吋！——於是狐狸沒衝進網袋裡，前腳卻被金屬圈絆到了。我聽到一聲乾樹枝裂開的聲音，狐狸的右前腿已在肘關節與腳掌間一半處整齊地折斷了。

「你這個白痴！」我對比利說，「都是你害的！」

「對不起，」比利懊悔地瞪著仍用三條腿繞著籠子跑、速度完全沒變的狐狸說，「我剛才沒看到你在做什麼。」

「而且今天菲爾休假，」我說，「你說我該怎麼辦？我不能就這樣丟下牠不管。」

「帶牠去找爹地，」比利很快地說，「帶牠去找爹地，他會接好。要是菲爾在，他也會這麼做。」

我突然想起畢爾隊長是有執照的獸醫，這個建議似乎不錯。

「你爸爸現在在哪裡？」我問。

「在辦公室裡，」比利說，「他在辦公室工作。他說星期六沒有祕書和其他事情煩他，工作效率比較高。」

「好，」我說，「我們現在就去煩他。」

我趕緊網住並拖出不斷咆哮、一直想咬我的狐狸；銀狐體型嬌小，凶起來的模樣卻可媲美孟加拉虎。檢查之後，我發現那條腿斷得很漂亮——如果可以這麼形容斷腿的話，因為骨頭沒裂開，也沒受壓變形，不屬於複雜或旁彎骨折，是很可愛的單純骨折，就像一根清脆斷開的大芹菜一樣。我當然不敢奢望狐狸也和我一樣興奮，不過我知道這樣的骨折很容易接，痊癒的希望也很高。

等我們到了行政辦公室，卻發現隊長已經辦完公，回家泡澡去了。聽畢爾太太這麼一說，我本來應該等候隊長淨身完畢，可是畢爾太太和比利都說隊長待在浴室的時間不可預測，所以基於人道理由，我決定打擾他。比利於是走到浴室門口開始搥門。

「走開！」隊長大吼，聲音之宏亮，彷彿十四頭受驚的河馬正倉皇逃出花園的池塘。「走開！我在泡澡！」

「快點，」比利大喊，「有一隻狐狸的腿斷了。」

一陣靜默，你可以聽到輕輕撥水的聲音。

「你說什麼？」隊長狐疑地問。

「有一隻狐狸的腿斷了。」比利重複。

「沒有一刻安寧！」隊長大吼，「這個地方沒有一刻安寧。好吧……把牠放在辦公室，我馬上過去。」

於是我們回到隊長的辦公室等待，同時可以很清楚聽見隊長的一舉一動。

「葛萊蒂絲！葛萊蒂絲！我的拖鞋在哪裡？……噢，沒事了，我看到了……他們帶來一隻斷腿的狐狸，去把那捲新的石膏繃帶拿來……我怎麼會知道在哪裡？妳去找啊！一定在屋裡嘛。還有，葛萊蒂絲，我的內褲呢？」

終於穿好衣服的隊長，一搖一擺地走進辦公室裡，後面跟著畢爾太太，抱著一只巨大的馬口鐵罐。

「噢，杜瑞爾，是你啊！」他娓娓道，「狐狸，嗯？讓咱們來瞧瞧。」

本來多少已經認命、乖乖躺在我懷裡的狐狸，被突然迫近的畢爾隊長的體積及宏亮聲音嚇了一跳，張開嘴巴，發出一聲長長的咆哮聲示警。隊長急忙倒退一步。

「你抱好！」他對我吠，「揪住牠頸子！」

「我已經揪住了，隊長。」我指出。

我要是再用力一點，就要把那隻可憐的動物脖子勒斷了。

我把手輕輕移到斷腿的下方，把它稍稍抬起來，讓隊長檢查受傷的程度。

「嗯……」他把眼鏡扶正，瞇起眼睛看，「斷得很整齊、很漂亮。有意思。現在開始工作！比利，去拿剪刀來。」

「剪刀在哪裡？」比利無助地問。

「你認為在哪裡？」隊長咆哮，「用你的腦袋想！當然是在你媽的工具籃裡！」

比利消失，找剪刀去了。

「跟蘿拉講我們需要她，」隊長大喊，「人手愈多愈好！」

我低頭看看懷裡瘦削嬌小的動物，心想若是換作大一點的動物，像是印度黑羚或長頸鹿，不知隊長會有怎樣的反應。

「蘿拉在做功課，」畢爾太太說，「我們幾個人不能處理嗎，親愛的？」

「不行，」隊長果決地回答，順便把她手中的馬口鐵罐搶過去，「這個玩意兒以前我沒試過，我需要人手。」

「我在幫你啊，親愛的。」

「我需要每個人都來幫忙。」隊長嚴峻地說。

這時比利帶著剪刀和姊妹回來了。

「現在，」隊長像個演說家把拇指插進褲吊帶裡說，「我們這麼做。首先，把腿上的毛剪掉，懂吧？」

「為什麼？」比利愚蠢地問。

「因為他媽的石膏紗布沒辦法黏在毛上！」隊長顯然為了這個無知的問題感到氣結。

「不要叫嘛，威廉，你把狐狸都嚇著了。」畢爾太太焦急地說。

「如果你們要先吵一陣子，我可不可以先回去把功課寫完？」蘿拉問。

「妳給我留下，」隊長斥道，「妳很可能就是最重要的一環。」

「是，爹地。」

「現在，杜瑞爾，」隊長說，「這種石膏紗布是最新發明，你看到沒？」

他把罐口拔開，一陣白色的熟石膏粉煙霧立刻冒出來，灑了一桌子。

「是嗎，隊長？」我問，我真的很好奇。

「沒錯，」隊長又把拇指勾回褲吊帶上。「以前哪，你們知道，你得先上夾板，再捆繃帶，然後再塗熟石膏。麻煩得很，又要搞很久。」

我知道那個過程既費時又麻煩，而且大多數情況下效果還不甚理想，因為我曾經用那個方法治療過很多折斷翅膀或腳的鳥，不過當時並沒有我說話的餘地。很顯然地，隊長將示範給我看一種全新的斷肢固定法，既迅速、又省時，而且萬無一失。這不正是我來惠普斯奈的終極目的嗎——學習新知！

「現在，」隊長說，「這是最新式的做法。」

他舉起馬口鐵罐朝裡面瞄，眼鏡一直滑到鼻尖，嘴角慢慢往下彎成一個不敢置信的冷笑。

「嗯……嗯……嗯……嗯……嗯……嗯！」他呼隆呼隆唸完說明，「好，寫得很清楚。溫水，葛萊蒂絲！還有你，比利，把腿上的毛剪掉。」

「我可不可以回去做功課？」蘿拉可憐兮兮地問。

「不可以！」隊長吠道，「妳去……去……去把地上的毛掃乾淨。要講求衛生。」

隊長現在分派了每個人的工作崗位；畢爾太太在廚房裡準備溫水，比利和我對著火冒三丈的狐狸開始比賽剪狐狸毛，蘿拉則一臉叛逆地掃著地。調兵遣將完畢的隊長接著不太有自信地掀開罐蓋，拉出一、兩碼長且覆滿熟石膏的繃帶，一邊踱步，一邊充滿興趣地檢查手裡的東西，熟石膏紛紛掉在地板上，辦公室像剛下了一場小雪，黏答答的，比較細的石膏粉則像薄霧般飄浮在空中，每個人都開始咳嗽。

「誰知道他們接下來還會發明怎樣的東西？」隊長對著自己嘖嘖讚嘆，接著像揮灑白霜似地拉出一長段繃帶，繼續踱步。這時畢爾太太端著一小鍋溫水出現。

「好，」隊長開始調度，「現在，比利、蘿拉、葛萊蒂絲，你們抓住這段繃帶。」

在一團石膏粉雲霧中，他展開一段長十六呎的紗布，交給家人。

「拉直！」他下達命令，「要拉直！葛萊蒂絲！妳那頭垂下來了……這就對了……你準備好了嗎，杜瑞爾？」

「好了，長官。」我說。

「抓緊牠的脖子哦！千萬別讓牠在緊要關頭掙脫跑掉。」

「是，長官，我抓緊了。」

「好，」隊長說完，便抄起小鍋子，將溫水沿著那段繃帶從頭澆到尾。「你看到沒有，杜瑞爾？」他揪起繃帶濕答答的末端，對著我揮舞。「再也不用夾板了，看到沒有？繃帶就是夾板。」

他在自己的食指上纏了幾吋長的繃帶，作為示範。

「不用再搞什麼夾板，」他對著我揮揮食指。「再也不用像以前一樣搞得亂七八糟，看到沒？」

隊長的辦公桌和辦公室的地板，此時已像一片做得很粗糙的人造滑雪坡；當然這輪不到我告訴他。

就從這個時候開始，情況變得混亂。我不確定隊長是不是沒讀清楚說明書，反正繞住他食指的繃帶開始以驚人的速度硬化。

「他媽的！」隊長氣呼呼地罵道。

「威廉，親愛的！」

「剪刀在哪裡？誰把剪刀拿走了？」找出剪刀之後，隊長將頑固的繃帶剪開，拯救出自己的食指，可是眼鏡片在這段過程裡卻沾上了許多石膏粉。

「現在，杜瑞爾，」他像隻貓頭鷹似地睜著眼睛從鏡片後瞄著狐狸，「把牠的腿撐起來。」

我聽話地撐起狐狸的斷腳，隊長在骨折處纏上好幾圈布，同時又澆了些溫水在上面。狐狸、畢爾隊長和我，這時看起來都像水生動物了。

「再來紗布！」聚精會神工作的隊長低吼。

這時另一個陷阱現身了。因為沒有繼續澆水，畢爾太太、蘿拉與比利拉直的那段紗布這時已呈固態，緊緊黏住他們的手，三人連成一圈，像個雛菊花環。

「你們全是廢物！」隊長一邊大吼，一邊替家人一一剪開。「你們是來幫忙的嗎?!再拉點紗布出來！」

急於想讓父親息怒的比利，不偏不倚將鐵罐打翻在地，鐵罐骨碌碌滾過地板，倒出等量的繃帶與熟石膏，辦公室這時已像是拿破崙慘烈戰役後方的傷兵營，每個人、每樣東西上面都覆蓋一層細細的石膏粉和黏了幾捲繃布。

「廢物！」隊長狂吼，「全是廢物！看看你們……看看那些繃帶。你們全是一堆……一堆……一堆大蠢材！」

過了一段時間，隊長終於在畢爾太太勸慰之下恢復平靜，再由蘿拉和比利拉出一截紗布，由畢爾太太淋濕，讓臉仍然呈深褐色、氣喘如牛的隊長把它纏在狐狸的腿上。終於，他退後一步挺直身體。

「這樣應該可以了。」他說。

那並不是我看過最具職業水準的斷肢固定，但隊長似乎很滿意，站在那兒笑容如煦，鏡片周圍沾了兩圈白石膏粉，禿頭像撲了粉一樣白，衣服上到處黏掛一段段變硬了的繃帶，還有一長段很技巧地裹著他一隻拖鞋。

「看到沒，杜瑞爾，」他得意洋洋地唸著，「摩登玩意兒就是不一樣……多簡單，你看到了沒？」

「看到了，長官。」我說。

第十章

我鐘樓上的野獸

Beasts in My Belfry

有些野獸生來為人類帶來歡愉，如猿猴與鸚鵡；
有些動物生來激勵人類運動，因人應知自身的弱點與上帝的全能。
因此便有跳蚤與蝨，獅、虎及熊；前者令人認清自身的弱點，
後者令人畏懼。另有一些動物的存在，
乃為減輕及協助人類各種弱點所導致的需求——
如何製作糖蜜蛇肉。

——巴塞洛繆《物之屬性》
（Bartholomew〔Berthelet〕, *Bartholomeus de Proprietatibus Rerum*）

在惠普斯奈工作一年多後，我決定離開。這個決定並不魯莽；我仍然決心先去蒐集動物，之後再擁有自己的動物園，我知道如果繼續待在惠普斯奈，這兩個願望都不可能早日實現。我可以無限期地留下來當「管理野獸的男孩」，然而我心裡卻有別的計畫。

我知道過不了多久，在我滿二十一歲的那天，我將繼承三千英磅遺產。雖然這筆錢不足以致富，然而那個年代不比今天，三千英磅可以做很多事；因此，每天晚上我都待在那棟迴音不斷、彷彿監牢似的冰冷宿舍裡，坐在我像牢房的小房間內，精心構思，去信給每一位當時的動物蒐集家。我先簡單介紹自己的工作經驗，接著表示只要他們願意帶我遠征，我將負責自己全部的費用，同時免費替他們工作。終於，回信陸續寄到，每封口氣都謙恭有禮，卻也都沒有轉圜餘地：他們很感謝我志願幫忙，可惜因為我完全缺乏蒐集經驗，無法考慮帶我同行，不過，一旦我獲得任何蒐集經驗，歡迎與他們聯絡。既然我想隨行遠征的唯一理由便是取得經驗，這個邏輯顯然對我幫助不大。就像雞與蛋哪個先出現的論爭：除非我有經驗，否則他們不肯帶我；但如果沒人帶我，我永遠都不會有經驗。

就在我沮喪又充滿挫折的時候，我突然想到個絕妙的好主意。如果我用一部分遺產來組織一次由我自己帶隊的遠征，那麼以後我就可以大言不慚地吹噓自己的經驗，以後那些偉人不僅願意帶我同行，搞不好還會付我薪水！這個遠景讓我口水都流出來了。

我決定離開，令所有的人失望。菲爾．貝茲想勸我留下，畢爾隊長也一樣。

「你這樣沒定性，杜瑞爾，將來會一事無成。」在替我送行的咖哩晚宴上，他不滿地嘟囔著，彷彿我待在惠普斯奈的這段時間裡，每星期都遞一次辭呈似的。

「你應該待下來……總有一天會給你一個區管……以後才有前途……」

「謝謝您的關心，長官，可是我已決定出國蒐集動物。」

「賺不到錢的，」隊長悲哀地說，「你會天女散花把錢都花光，記住我的話。」

「不要說喪氣話，威廉，」畢爾太太說，「我相信他會成功的。」

「胡謅！」隊長陰沉地說，「沒有一個蒐集動物的傢伙賺錢。」

「那哈根別克呢，長官？」我問。

「那個時代早就過去了，」隊長說，「那個時候錢是錢……全是金幣，可以用牙齒咬的……哪像現在的草紙鈔票，全是廢物！」

「威廉，親愛的！」

「是真的嘛，」隊長又充滿火藥味地說，「那個時候錢值錢啊……現在全是他媽的衛生紙。」

「威廉！」

「總而言之，以後要回來看我們，知道吧！」隊長說。

「對，你一定要回來，」畢爾太太說，「我們一定會很想念你。」

「我會把我蒐集到最好的動物留給你，長官。」我說。

最後一夜，我躺在床上試著評估在惠普斯奈的經驗對自己到底有多重要？我學到了什麼？

結果大部分的答案都是負面的。的確，我學到了如何用草耙扛一捆秣草；如何用掃帚和鏟子清糞便；還有袋鼠雖然看起來很溫馴，若被逼進角落裡，卻會突然朝你一縱，用後腳往你身上砍，劃破最牢固的塑膠雨衣……似乎我學到的每一件事，都是「不可以這麼做、不可以那麼做」……

不過，我的確深深體會到動物園裡最重要的核心，其實是動物的管理人員。沒有他們，什麼事都做不成，所以一定要給予骯髒辛苦的工作應得的尊重，而且更重要的是慎選人才。我在惠普斯奈工作的時候，大部分管理員都是當初僱來搭建周界柵欄與獸欄的農場工人，因此所有同事幾乎都已超過四、五十歲，卻和二十歲的我一樣，對於被照顧的動物們所知有限。這並不是他們的錯；他們並不想變成動物學家。對他們來說，這只不過是一份工作，他們盡量講求效率，卻完全缺乏興趣。這一點從我第一天去長頸鹿區上班就深切體悟到。

那天到了差不多四點的時候，柏特指導我在一個大鍋爐下方升火，我聽命照作。等水開了之後，他仔細將滾水和冷水混在一起，變成兩桶溫水，然後告訴我現在要去餵長頸鹿喝水。我看著長頸鹿大口吞水，問柏特為什麼水一定得是溫的。

「不知道，小夥子，」柏特說，「牠一來，上面就說要餵牠喝熱水……我也不知道為什麼。」

謎團經我仔細探詢後解開。長頸鹿在六、七年前初來乍到時罹患感冒，有人覺得喝溫水會讓牠舒服，便下達了這道命令，從此沒人質疑過；結果便是長頸鹿毫無必要地喝了七年的熱水。柏特雖然非常喜歡自己的動物，也為牠們感到驕傲，卻缺乏足夠的興趣去深究溫水到底對長頸鹿是否有益。

缺乏興趣或知識的結果，即是觀察無法入微，然而深入觀察卻是照顧野生動物最不可或缺的條件。比方說，野生動物個個是掩飾自己病情的高手，如果你和自己的動物關係不夠親密，認識不夠深，肯定會忽略那些透露真相的微小徵兆。

我在惠普斯奈學到的另一件事，是一般人認定動物關在大籠子或大圍場裡，一定會比關在小籠子裡快樂，而且活得更好的觀念，其實是完全錯誤的。「如果每個動物園都像惠普斯奈，那我就不反對動物園。」——這是我碰到許多熱愛動物卻缺乏認知的遊客最常說的一句評語。答案當然是：「那你應該來這裡工作，體驗一下每天要檢查三十五英畝大的圍場，確定關在裡面的每一隻動物都沒生病、沒有哪一隻被欺侮或瀕臨餓死的邊緣，而且整群都有足夠的食物吃，是件多麼困難的事。」

只要有一隻動物出了差錯，你便得在三十五畝大的圍場裡追著牠滿場跑，祈禱等你終於抓到牠的時候，牠沒有心臟衰竭死掉或折斷一條腿，然後你不僅得治療牠的病，還得安撫牠受到的嚴重驚嚇。現在時代進步了，一枝麻醉標槍就能解決很多麻煩；但在我待在惠普斯奈的那段時期，廣大的圍場反而成為動物的致命傷，它們唯一的功能，便是讓那些熱愛動物、不願看見動物遭受「囚禁」的人道主義者心裡舒服一點。很不幸，這種心態至今仍然盛行，好心卻基本上無知的人，堅持大自然就像個慈眉善目的老奶奶，而不願承認大自然其實是一頭冷酷無情、弱肉強食的怪物。

你很難和這些人理論，他們活在自我陶醉之中，相信動物園裡的動物飽受折磨，彷彿住在達特穆爾[10]一般，而住在大自然裡就像住在伊甸園中，那兒綿羊可以和獅子並肩躺下，而不會變成好朋友的晚餐。即使你指出野生動物必須面對不斷尋找足夠食物的困境，隨時得躲避敵人的精神壓力，以及和疾病及寄生蟲鏖戰，而且大部分物種的新生兒頭六個月的死亡率高達百分之五十，也毫無作用。「哦，」默默聽完這一長串事實的愛護動物人士會說：「可是牠們是自由的！」你接著指出動物各有壁壘分明的勢力範圍，決定因素只有三項：食物、水和性。如果在這有限範

10 Dartmoor，英格蘭德文郡西部荒野山地。

圍之內三件事物都能滿足，動物就會留在那裡。然而大眾似乎對「自由」這個名詞有著莫名的偏執，論及動物更是；他們從來不擔心斯特里薩姆的銀行職員、達拉謨的礦工、雪菲爾的工廠操作員、哈特雷惠特尼的木匠或蘇活區的侍應生領班沒有自由，但你若仔細去調查這些人，就會發現他們受制於工作與習俗的程度，和動物園裡的動物沒有兩樣。

第二天早上，我繞園區一周，與動物及同事道別。我很感傷，因為我在惠普斯奈工作的日子很快樂，然而園中的每一隻動物都代表一個我想去的地方，也彷彿一個個地理路標，鼓勵我快點上路。大聲吞嚥我給牠最後一袋花生的袋熊彼得，代表凡事倒行逆施的澳洲大陸，那裡有奇異的紅色沙漠與更奇異的動物，牠們蹦蹦跳跳，哺乳類會像鳥一樣下蛋，還有其他更多我必須目擊的奇蹟；老虎保羅與莫琳娜接受我的辭行禮物——一顆雞蛋，牠們的毛閃爍著亞洲夕陽的橘色光輝，那裡有披戴珠寶的大象、身披巨甲的犀牛，以及宛如金銀細箔妝點喜馬拉雅高原的成群野羊；高興地對冰淇淋嘶嘶噴氣的北極熊貝布絲和山姆，對我訴說彷彿拼圖碎片、白如牛奶的冰原，還有一片烏鴉翅膀般湛藍、令人不安的冰冷深邃海洋；黑白相間的耀眼斑馬和裹著纏結鬃毛的老艾伯，代表非洲那塊煜煜青翠的黑色大陸，它的濕潤森林庇護著龐然的猩猩，它的大草原因遭到數以百萬計的蹄子踐踏而震動，它的湖泊彷彿粉紅火鶴盛放的玫瑰花園。

每一個角落，動物都在召喚我、激勵我堅定志向。當我從貘那橡膠皮管似的鼻子下方塞香蕉給牠們吃、用力拍牠們的肥屁股時，我想像走訪牠們的南美故鄉，點綴著妖精般的小猴恍如裝飾了珠寶的巨樹，巨大和緩的河流顏色如咖啡般，水中充斥著牙齒如利刃的魚和沉著的烏龜。有太多的地方、太多的動物等待我去探訪，我全身因不耐和好奇而飽脹。棕熊與狼代表不斷絮語的北方森林；披著格子外套的長頸鹿彼得，喚我去那淡黃褐色的非洲平原，腳底的草就像餅乾一樣脆，頭頂有形狀怪異的金合歡遮蔭。巨肩髯髯的水牛卻誘我去迤邐起伏、一望無垠的北美洲大草原。

同事們對我的離去反應不一。

「別忘了我教你的事，小子，」傑斯咂咂嘴、虎瞪著我說，「隨時小心！籠裡的獅子是一回事，等那王八蛋從後面偷襲你的時候，又是另外一回事，懂吧？你可別大意，小子。」

「我無法想像你真的會這麼做，」喬嘟起嘴，搖著頭說，「就算給我一百磅，我也沒辦法。你就聽傑斯的話，凡事小心。」

「要去非洲啦，嗯？」柯爾先生說，「挺有冒險精神的嘛。」

「再見，小子，」老湯姆用他兩隻又紅又胖、長滿凍瘡的肥手用力捏我的手說，「要寄明信片給我們哦！多保重。」

「祝你好運，小子。」哈瑞藍眼閃爍地說，「倒不是因為你運氣不好——我知道你會一帆風順，你看一有個風吹草動，你跑得就像我一樣快！你沒問題啦。」

「再見，小夥子，」柏特從長頸鹿的脖子下方鑽出來找我握手，接著又補充一句祝福的話，好像我馬上要去結婚似的。「希望你幸福快樂。」

「需要幫什麼忙，隨時寫信給我們，」菲爾．貝茲的棕臉表情誠懇。「隊長一定會幫你，以後要是想回來，我們也一定可以安排。」

他對我和煦一笑，握握我的手，就吹著荒腔走板的口哨晃啊晃地走遠了，穿過黃水仙怒放的綠色樹林，袋鼠與孔雀漫不經心地緩緩步開，讓他通過。

我提起行李，步出動物園。

故事仍繼續發展下去

惠普斯奈對我造成的影響之一，是使我變得比以前更喜歡閱讀各類書籍，因為我在那裡對周遭的事物有數不清的疑問，卻沒有人提供我任何答案，只好求助於書本。我很驚訝地發現，原來動物園不是現代的發明：比方說，所羅門王在西元前七九四年便擁有一座動物園；更早的西元前二九〇〇年，動物園在埃及的薩卡拉（Saqqara）便非常盛行。圖特摩斯三世（Thutmose III）在西元前一五〇一年有一座動物園，他的繼母哈特謝普蘇特（Hatshepsut，想必是位值得敬佩的女性！）甚至派遣蒐集動物的遠征隊前往「龐特之地」（Punt，即現今索馬利亞）。拉美西斯二世（Ramesses II）的動物蒐藏令人豔羨，據說包括長頸鹿。繼這些著名的動物園主人之後，中國人亦跟進，周文王建造了一座占地一千五百英畝的動物園，命名為「靈苑」，倘若妥善經營利用，這個名字再適切不過。亞述人也有很多動物園，著名園主像是亞述皇宮內的名妓塞彌拉彌斯（Semiramis，她最喜歡豹）、她的兒子尼努斯（Ninus，最喜歡獅子），以及精於養獅與駱駝的亞述巴尼拔國王（Ashurbanipal）。托勒密一世（Ptolemy I）在亞歷山卓城創建了一座巨大的動物園，托勒密二世再予以擴建，其規模可從酒神慶典的動物遊行略見一斑，所有動物行列耗時一整天才全部通過亞歷山卓的競技場，包括八對身披鎧甲的鴕鳥、孔雀、珠雞、雉、九十六頭大象、二十四頭獅子、十四頭豹、十六頭獵豹、六對阿拉伯駱駝、一隻長頸鹿、一條巨蛇和一匹犀牛，再加上成千上百的家畜；現代大部分的動物園根本沒辦法做這麼大型的展覽。

歐洲最早的動物園出現在希臘與羅馬，一部分作為研究區，一部分附屬於馬戲團。直到維多利亞時期，動物園一直具備兩項功能：一來讓人們就近研究動物；二來藉觀賞上帝的各項創造奇蹟，教化並娛樂上帝的親屬——人類。很不幸，除了極少數的例外，動物園逐漸視娛樂目的為第一，放棄促進科學的目標，圈養動物只為博取民眾一笑，人們去動物園，就和他們的祖先去參觀倫敦精神病院時的心態一樣；而且直到今日許多人仍舊抱持著這樣的心態。所幸，現在大家對動物行為與生態的關懷逐漸覺醒，這是個很健康的徵兆。在地球仍像宙斯的羊角[11]，塞滿各種動物的時代，純為娛樂蒐藏動物尚情有可原。那時沒有人認真嘗試繁殖自己圈養的動物；動物死了，再換新的，反正大自然有無盡的寶藏，取之不盡、用之不竭……但今天，再這麼想就不可饒恕了。

我慢慢從書中發現到人類貪婪蠶食世界的可怖真相，以及這對野生動物造成的恐怖迫害。我讀到多多鳥，牠們不會飛、完全不具傷害性，卻幾乎在同一個時期被人類發現及滅絕。我讀到北美洲的旅鴿，數目本來多得「蔽天翳空」，築巢地區蔓延數百平方英里；可惜牠們的肉好吃，所以最後一隻便於一九一四年在辛辛納提動物園內死去。曾經一度在南非到處可見、半馬半斑馬的奇怪動物——斑驢（quagga），飽受歐洲移民波爾農人的蹂躪，終於滅絕；最後一隻於一九〇九年死於倫敦動物園。管理動物園的人居然能夠無知到這種地步，對於這些動物和鳥類

11 編注：在希臘神話中，宙斯在克里特島由仙女以母山羊阿瑪爾忒亞的乳汁餵養長大，但他在玩耍時不小心折斷了母山羊的角，為了報答哺育之恩，宙斯將斷角賦予神奇的能力，使它能源源不絕產生出斷角擁有者想要的東西。

正在滅種的邊緣上仆跌毫無感覺，而不採取任何行動，實在令人匪夷所思。動物園真正的功能，難道不是要幫助那些被迫走向滅絕道路的動物？為什麼人們卻不這麼做？我想那是因為從前人們總是本著「這種動物在原產地還很多」的原則經營，然而棲地持續不斷萎縮，人口總數一直增加，我們愈來愈清楚「這種動物在原產地已經不多了」！

我離開惠普斯奈時，仍決心要擁有自己的動物園，同時也決心要讓自己的動物園具備三項功能，使它的存在具有意義：首先，它必須協助教育民眾，讓人們了解世界上其他的生物形態是多麼地迷人與重要，提醒人們別再妄尊自大、自以為是，認清其他的生物和人一樣，有存在的權利；第二，它將從事動物行為的研究，讓我們不只對動物行為有更深一層的認識，也能更有效地幫助野生動物，因為除非你知道不同動物種類的不同需求，否則絕不可能成功地開展保育工作；第三，也是我認為最重要的一點，它必須成為動物的生命儲備池，作為瀕危動物的庇護所，復育牠們，永遠別讓牠們重蹈多多鳥、斑驢與旅鴿的覆轍，永遠自地球上消失。

多年之後，我有幸遠征世界不同的角落蒐集動物，旅行途中，我愈來愈能感受到瀕危動物所面臨的危機：一是遭到殺害的直接危機；二是棲地受破壞的間接危機。對我來說，為數量遽增的瀕危物種設立復育庇護所是當前的燃眉之急，我因此在海峽群島的澤西島上創建了自己的動物園，後來接著設立杜瑞爾野生動植物保育信託，並接管動物園以作為總部。

我想引用自己為宣傳手冊寫的一段話，描述基金會的創立目標及目的：

> 儘管近年人們對保育動物及其棲地的關懷普遍覺醒，但保護的過程仍相當緩慢。許多國家的動物雖然受立法保護，法律效用卻僅止於書面，相關政府及野生動物保育機構欠缺經費及人力，無法執行已通過的法令。全世界有無數物種正受到人類直接與間接干預的威脅，我們必須牢記，摧毀或改變棲地，如同用槍械大量屠殺，可以迅速消滅一個原本為數眾多的物種。
>
> 各種紀錄顯示許多物種數量持續遽減，若不提供協助，將無望存續，因其數量太少，不足以應付自然生存危機，如掠食者或食物供應闕如等。這類物種即本基金的關注焦點；若能在理想的環境中，為這些物種建立復育族群，無限量提供食物，

免除掠食者侵害，並保護其新生後代，那麼這些物種便可望存續下去。日後，待原出產國家籌措足夠經費，採取適當保育措施，基金便可將一群核心復育族群歸還，並野放至該物種已然滅絕的原產區域，作為復興族群數量的基礎。

目前已有許多案例證實這個做法不僅可行，而且已成為必要的手段。以麋鹿為例，這種鹿本來已在中國絕種，端賴已故貝德福特公爵之努力，於沃本隱修院建立起一個復育族群，今日這種美麗的鹿才不致滅絕，甚至重新引進中國。

另一個極可觀的例子，是彼得·史考特野鳥基金自滅絕邊緣成功挽救夏威夷雁的故事。史考特先生戮力在世界各地不同動物園及鳥類機構建立許多大型復育族群，現在該種雁已重新野放回夏威夷，逐漸重現早期分布區域內。

這類成功故事不勝其數，包括歐洲野牛、普氏原生野馬、高鼻羚羊等。

杜瑞爾野生動植物保育信託可謂靜止的諾亞方舟，如同博物館保護古代紀念碑與建築，我們可以假設世間還會出現另一位林布蘭或達文西，然而一種動物一旦滅絕，即使在這個科技日新月異、令人驚駭的年代，不論我們再怎麼努力，也不可能重新創造牠。

如果你喜歡這本書，容我邀請您加入我的工作行列，共同拯救更多的動物。您願意加入我的基金會嗎？入會年費數目雖小，但我可以向您保證，您的錢一定會被善加利用。如果您對動物的命運與前途感興趣，請來函向我們索取進一步的資料，我們的地址是：

Durrell Wildlife Conservation Trust
Les Augrès Manor
Jersey, Channel Islands, JE3 5BP
UK

Or visit the website: https://www.durrell.org/wildlife/
Email: info@durrell.org
Facebook: https://www.facebook.com/DurrellWildlife

從動物的角度來看，這項工作絕對是當務之急。所以，請您趕快加入我們的工作行列。

來自杜瑞爾野生動植物保育信託的訊息

這本書的結尾，並非杜瑞爾故事的結束，但願也不是您的故事的結束。杜瑞爾用果醬瓶和餅乾盒收集過的生物，影響了他後來拯救全世界瀕絕動物的工作；他在科孚的童年，啟發了他終身致力保育浩繁動物生命的漫長改革運動。

這場改革運動並沒有因為杜瑞爾於一九九五年辭世而結束，透過他書中文字流露的對這「神奇世界」的愛與尊重，他仍不斷在啟發世界各角落的讀者；透過他手創的三個野生動物保育基金的戮力合作，他的工作也會持續進行下去。

多年來，許多杜瑞爾的讀者受到他的感召，不願闔上書後，就此遺忘。他們希望加入這場改革運動，開啟自己的故事；但願今天你也有這種感覺。杜瑞爾用他的書和一生，留給我們一個挑戰：「動物是沒有聲音、沒有投票權的最大多數。」他寫道，「沒有我們的幫助，牠們不可能生存下去。」

後記

理查・強斯頓—史考特（Richard Johnston-Scott）
杜瑞爾野生動植物保育信託哺乳動物部門主任

一九七三年，《我鐘樓上的野獸》初版發行，澤西動物園西部低地大猩猩復育計畫剛開始，孔武有力的賈波讓兩位愛妻——熱烈仰慕他的南蒂和愛吵嘴又愛抱怨的南蓬垢——都懷上身孕，並各自產下健康的寶寶。我擔任飼育員已邁入第八個年頭，在位階最高的母猩猩敏銳眼光的監督下，完成了極有趣的實習階段，並接受指派，開始專責照顧這迷人又壯美的物種。不輕易降格示好的南蓬垢，時時強調、處處堅持自己是基金會大猩猩族群第一夫人的地位，還常教訓我，絕不允許我這卑微的人類隨意逾矩。她的堅定反而更加深了我的決心，非深入探索類人猿的內心世界不可——至於過程如何，又是另一個故事了。

我對野生動物根深柢固的迷戀與熱情究竟源自何處，至今仍是個謎。不過杜瑞爾早期寫的書，的確讓年輕時的我徹底嚮往以動物為事業生涯的志向。從小我就在家裡飼養各式各樣的動物，這要感謝我深受其害的父母的百般容忍，等到我離開學校，進入平凡無奇的營建業，已累積了一道中型卻令人印象深刻且健康繁榮的私人動物蒐藏，那是我快樂與驕傲的泉源。

回想從前，任何人都可以在寵物店或市場裡買到各種鳥類、爬蟲類及小型哺乳類，實在可悲；我不敢想像那些動物的下場。幸好，現今嚴格的國際管制及核發牌照法律在打擊非法野生動植物交易上，多所助益。當時我身為一名無知的青少年，自認提供動物高品質的生活環境，其實卻在無形中助長進口寵物的暴利買賣。

杜瑞爾的著作生動有趣，而且特別幽默，我一直是他的忠實書迷。我不斷寫信給他，乞求他讓我去他的動物園工作，好把我從枯燥乏味的建築工地裡解放出來。毫無疑問，可憐的杜瑞爾肯定經常受到類似的求職信騷擾，他曾經說過：「你不用去找員工，他們會來找你！」他說得一點都沒錯。一九六五年，我死纏爛打的招數奏效，那時他剛從非洲蒐集黑白疣猴（colobus monkey）回國，終於屈服了，讓我開始在動物園裡從實習飼育員做起。

他願意給我機會，部分原因可能是我寫給他的一封信。我在信裡萬分痛苦地敘述因為家裡幾個月前發生火災，結果我心愛的寵物蒐藏大部分葬身火窟；自然地，我已經傷心到快崩潰了。第一次和杜瑞爾見面，他便深表同情地捏著我的肩膀，接著不斷勸我抽那嗆鼻的法國香煙，一邊對我講了一長串鼓舞士氣的話。那次的會面有兩件事令我印象特別深刻：第一，他給人的感覺溫暖且如沐春風，而且他口才極好，遣詞用句相當高明，有時像是拿著自己寫的書在朗讀似的，經常插播一些幽默的趣聞軼事，再用精選的髒話或粗話自己畫出重點；第二，他不時讓我笑出眼淚、喘不過氣，一方面也是因為我當時太緊張，不願承認自己根本不會抽煙。

《我鐘樓上的野獸》一直適時地在提醒讀者，動物園飼育員的態度，以及他們照管動物的標準，這些年來已大幅提升。從很多角度來看，今天的動物圈養已發展成一項科學活動，不像在一九五〇或六〇年代早期，一般認為只是一種勞動工作，不需任何技術——儘管長期雇員的重要性早已得到事實證明。

這本書敘述他擔任惠普斯奈實習飼育員的早期經驗，引人入勝，而且處處流露出青年杜瑞爾的聰明與好追根究底的求學態度。他很快就掌握到照管物種的基本需求，又因為他對動物行為具備特別敏銳的觀察力，自然而然地會進一步探究每一動物個體的特殊需求，主動發想豐富動物生活的簡單活動，因此在大多數情況下博得了動物對他的信任。不過在當時，像他這樣在對待動物上花費時間及巧思的努力，在一般資深員工的眼裡，根本不值一哂。

我剛開始在澤西動物園工作的那幾個星期，園方給我的忠告是：「能夠與野生動物靈犀相通、互相信任，建立起親密的關係，即是優質動物管理的必要條件。」當時我也和年輕時的杜瑞爾（工作同仁都暱稱他為D先生）一樣，到每個部門實習了一段時間，最後才被指派到哺乳類部門，獲得一份正式的職位。

那時在寧靜的奧格雷莊園（Les Augrès Manor）內工作是極美好的經驗。我們的動物蒐藏仍在草創階段，無論管理工作或瀕危動物的復育計畫，也還在致力創新的階段。對所有參與者而言，那也是個追求新知的時代。工作團隊的成員都很年輕，滿腔熱忱，彼此建立起非常獨特的戰友情誼。

D先生在本書中描述受畢爾上校邀請去家裡吃印度咖哩那一段令人噴飯，讓我想起D先生本人也特愛烹調幾乎可以辣死人的咖哩，而且總是煮得超量，於是一大鍋廚藝傑作就會突然出現在員工餐廳桌上，旁邊附上一張幽默的小紙條。不過永遠都處在飢餓狀態中的員工會立刻把大鍋佳餚加熱，一口氣掃光。

那時動物園的預算非常緊，凡事都要看著辦。例如我們沒有昂貴的水管，必須用一臺古老的抽水機打水，再用巨大的攪乳筒裝水，抬去沖洗獸籠地板。掃帚和拖把都必須用到只剩下幾束禿毛，然後至少得再用一個星期才能丟掉。除了照顧動物，我們還得幫忙維修任何設備，像是油漆獸欄、在柵欄上塗焦油，以及修理任何不需專業技術就能修理的東西。還有一件每週必須做兩次，大家避之唯恐不及的工作：把肉庫裡爬滿蛆的動物內臟和無數桶動物糞便，裝上「派迪的運貨車[12]」，載去當地的垃圾場。這項受到眾人嫌棄的工作，常令狡獪的同事們突然受召去做「非常重要的工作」，而且工作地點都在離這輛老爺車最遠的地方……結果呢？我變得

---

12 Paddy，Patrick的暱稱，泛指愛爾蘭人，略帶貶意。

和老派迪很熟，交情匪淺。

那個時期，比較傳統的動物園視保育工作為次要任務，D先生卻早已預言全球的今日景況。他在《我鐘樓上的野獸》一書中描述他首度意識到許多物種迫在眉睫的困境：「我開始調查，將查到的結果製作成巨大的檔案。當時我並不知道，其實自己正在製作一份不太專業、也不夠扎實的『國際自然保護聯盟瀕危物種紅皮書』。經我調查得到的結果，令我大為震驚。」

多年以後，杜瑞爾創立他自己的動物庇護所，以堅定的決心和崇高的目標，戮力證明動物園可以為保育工作及物種的生存做出極大的貢獻。他認清為極危動物制定育種計畫的迫切性，因此他的動物蒐集變得愈來愈專門，將注意力集中於孤立的脆弱族群上，其中包括許多不起眼的小型動物：包括馬達加斯加島的兩種刺猬（後來又加入大跳鼠）、墨西哥的火山兔及硬毛鼠，以及牙買加及古巴的嚙齒類動物。許許多多被保育界忽略「到處鼠竄的棕色小東西」今日之所以仍然存在，都必須感謝D先生不屈不撓、始終如一的保育貢獻。

澤西動物園的復育計畫收效卓著之後，D先生接著逐漸擴展保育工作範疇，推動教育及研究計畫，並啟動國外原生地的保育計畫。對於動物員管理人員而言，能夠進一步研究動物及保育項目乃求之不得的機會，許多同仁持續進修，在他們選擇的領域內獲得傑出的成就。

讀者只需閱讀杜瑞爾保育信託早期的年度報告，即可了解動物園員工在嚴重財務困難的壓力下仍交出優異的成績單，著實難能可貴。有關動物管理技術、田野調查的科學研究報告陸續在信託出版的《多多鳥期刊》（*Dodo Journal*）中發表，使這本雜誌成為業界備受好評的出版刊物。

一九八一年，我開始計畫隔年自費赴盧旺達火山國家公園研究山地大猩猩。D先生聽說之後，立即慷慨解囊，讓我能夠提早在該年十月成行。結果我在比蘇奇火山終年雲霧裊繞的南坡，與雄壯的銀背「貝多芬」所領導的十四頭大猩猩，一起度過終生難忘、美好的六個星期。

以澤西為基地的國際訓練中心，是D先生長期醞釀籌畫的夢想（他的迷你大學），一九七七年首度招生，至今學生與接受培訓的實習員來自世界一百二十四個國家，總人數已達一千七百五十人。學員目前分布於世界各角落，在動物園、國家公園及保育組織內擔任要職。

今天莊園內樹立了兩座醒目的雕像，一座是「溫柔的巨人」，赫赫有名的銀背大猩猩賈波。在一九八六年一個難忘的夏天裡，一名小男孩失足跌進大猩猩圍欄內，賈波對受傷小男孩所表現出的關切，有目共睹，完全打破了一般人對「大金剛」的荒謬成見。靠近正門的另一座雕像就是澤西的創辦人，雕塑得維妙維肖——提醒我們有那麼一位天生的博物學家和一個了不起的人，從一名動物園飼育員，蛻變為野生動物蒐集者及世界聞名的作家，最後變成保育界的巨擘。D先生和賈波對我的人生及事業有著深遠的影響，對我而言，這兩位的離去將令人終身難忘。

D先生曾寫道：「將《我鐘樓上的野獸》獻給碧揚卡及葛蘭蒂，紀念那四分之三隻大猩猩和其他事物……」這又是他充滿幽默感的好例子。他其實是在感謝捐助人飼養南蓬垢——一位備受喜愛、地位顯赫的老太太，大猩猩族群的前女族長及八頭大猩猩的母親。如今南蓬垢也入土了，安詳躺在大猩猩戶外圍欄的最高處。

德斯蒙．莫利斯[13]博士曾將杜瑞爾比喻成「一頭偉大的銀背大猩猩」，杜瑞爾勤奮不懈的奉獻精神、偉大的宏觀與願景，以及非成功不可的牛脾氣，出身卑微的澤西動物園今天才能成為他留給世界的無價遺產——一所馳名世界的保育機構，恰如其分地被命名為「杜瑞爾野生動植物保育信託」。信託的使命宣言，宣告了許多熱愛動物人們的永恆追求：拯救物種，免於滅絕。

13 Desmond Morris，英國著名動物學及生態學家，作家、畫家及電視節目主持人。

我鐘樓上的野獸：全球最受歡迎動物作家的動物園實習生涯【杜瑞爾野生動植物保育信託60週年紀念版】

Beasts in my Belfry

作者	傑洛德·杜瑞爾（Gerald Durrell）
譯者	唐嘉慧
社長	陳蕙慧
副 社 長	陳瀅如
總 編 輯	戴偉傑
主編	周奕君
行銷企畫	李逸文、張元慧、廖祿存
封面設計	許晉維
封面插畫	Ancy Pl
內頁排版	極翔企業有限公司
出版	木馬文化事業股份有限公司
發行	遠足文化事業股份有限公司（讀書共和國集團） 地址 231新北市新店區民權路108之4號8樓 電話 02-2218-1417　傳真 02-2218-0727 email: service@bookrep.com.tw 郵撥帳號 19588272 木馬文化事業股份有限公司 客服專線 0800221029
法律顧問	華洋法律事務所 蘇文生 律師
印刷	前進彩藝有限公司
初版	2019年4月
初版四刷	2023年10月
定價	360元

ISBN 978-986-359-650-9

歡迎團體訂購，另有優惠，請洽業務部02-22181417分機1124、1135

國家圖書館出版品預行編目(CIP)資料

我鐘樓上的野獸：全球最受歡迎動物作家的動物園實習生涯 / 傑洛德·杜瑞爾著. -- 初版. -- 新北市：木馬文化出版：遠足文化發行, 2019.04
288面 ; 14.8 x 21公分
ISBN 978-986-359-650-9（平裝）
1.惠普斯奈野生動物園 2.動物園 3.動物行為 4.英國

380.69　　108002690